机械加工工艺

（第3版）

主　编　武友德　苏　珉
副主编　李亚利　吴　伟
主　审　杨金凤　李珊琳
参　编　项　东　王　毅　曾　荣　武明洲
　　　　冷真龙　卢万强　吴　勤　徐　斐
　　　　罗大兵　杨松凡　钟成明

北京理工大学出版社
BEIJING INSTITUTE OF TECHNOLOGY PRESS

内 容 简 介

本书共分为"课程认识""机械加工精度""机械加工工艺规程设计基础""轴类零件的加工工艺设计""盘、套类零件的加工工艺设计""箱体零件的加工工艺设计""螺纹加工方法及丝杠零件的加工工艺设计""齿轮加工工艺设计""数控车削加工工艺设计""数控镗铣、加工中心加工工艺设计""零件的特种加工工艺设计"等11个教学单元。

除了基础单元部分外,每个单元内容均按照"机械制造类专业的岗位能力要求",分析本单元承担的任务,选择合适的载体,将实际生产案例有机地融入教材中,做到课堂教学与生产实际的有机结合。

本书可以作为高职高专院校机械制造类专业学生用书,也可作为企业技术人员的参考资料。

版权专有　侵权必究

图书在版编目（CIP）数据

机械加工工艺 / 武友德,苏珉主编. —3版. —北京：北京理工大学出版社,2018.8（2021.8重印）

ISBN 978-7-5682-6153-1

Ⅰ. ①机… Ⅱ. ①武… ②苏… Ⅲ. ①机械加工-工艺-高等学校-教材 Ⅳ. ①TG506

中国版本图书馆CIP数据核字（2018）第191691号

出版发行 /	北京理工大学出版社有限责任公司
社　　址 /	北京市海淀区中关村南大街5号
邮　　编 /	100081
电　　话 /	（010）68914775（总编室）
	（010）82562903（教材售后服务热线）
	（010）68948351（其他图书服务热线）
网　　址 /	http：//www.bitpress.com.cn
经　　销 /	全国各地新华书店
印　　刷 /	涿州市新华印刷有限公司
开　　本 /	787毫米×1092毫米　1/16
印　　张 /	16.25
字　　数 /	382千字
版　　次 /	2018年8月第3版　2021年8月第4次印刷
定　　价 /	46.00元

责任编辑 / 张旭莉
文案编辑 / 张旭莉
责任校对 / 周瑞红
责任印制 / 李　洋

图书出现印装质量问题,请拨打售后服务热线,本社负责调换

前言（第3版）

"机械加工工艺"课程是机械制造类专业的一门主干课程。为建设好该课程，利用示范建设这个有利时机，学院联合企业，组建了课程开发团队。教材的编写实行双主编与双主审制，由四川工程职业技术学院武友德教授、苏珉副教授任主编，由四川工程职业技术学院杨金凤副教授和中国第二重型机械集团李珊琳高级工程师联合担任主审。

为了使"机械加工工艺"课程符合高素质高技能的技术应用型人才的培养目标和专业相关技术领域职业岗位的任职要求，课程开发团队按照"行业引领、企业主导、学校参与"的思路，经过认真分析机械制造企业中零件工艺编制、零件的生产制造等岗位的职业能力要求，制订了相应岗位的"职业能力标准"，依据该标准，明确课程内容，并按照企业相应岗位的工作流程对课程内容进行了组织。

本书的编写始终以"制造类专业岗位职业能力要求"所确定的该门课程所承担的典型工作任务为依托，以基于工厂"典型零件的加工"的真实加工过程为向导，结合企业生产实际零件制造的工作流程，分析完成每个流程所必需的知识和能力结构，归纳了"机械加工工艺"课程的主要工作任务，选择合适的载体，构建主体学习单元；按照任务驱动、项目导向的模式，以职业能力培养为重点，推行"校企合作、工学结合"的机制，将真实生产过程融入教学全过程。

本书由四川工程职业技术学院武友德教授、苏珉副教授担任主编，由重庆工业职业技术学院李亚利副教授、东方电气集团东方电机股份有限公司吴伟教授级高工任副主编。

由四川工程职业技术学院杨金凤副教授和中国第二重型机械集团李珊琳高级工程师联合担任主审。

四川工程职业技术学院武友德教授编写第1、3、9教学单元，由中国第二重型机械集团杨松凡高级工程师提供相关资料，并协助编写。

四川工程职业技术学院苏珉副教授编写第2教学单元，由东方汽轮机厂钟成明提供相关资料，并协助编写。

重庆工业职业技术学院李亚利副教授编写第4教学单元，由中国第二重型机械集团公司徐斐高级工程师提供相关资料，并协助编写。

重庆城市职业技术学院项东高级工程师编写第5教学单元，由中国第二重型机械集团公司徐斐高级工程师提供相关资料，并协助编写。

贵州交通职业技术学院王毅副教授编写第6教学单元，由东方电机股份有限公司吴勤高级工程师提供相关资料，并协助编写。

贵州遵义航天职业技术学院曾荣副教授编写第7教学单元，由东方电机股份有限公司吴勤高级工程师提供相关资料，并协助编写。

四川工程职业技术学院武明洲讲师编写第8教学单元,由东方电机股份有限公司罗大兵高级工程师提供相关资料,并协助编写。

四川工程职业技术学院卢万强副教授编写第10教学单元,由中国第二重型机械集团公司李珊琳高级工程师提供相关资料,并协助编写。

四川工程职业技术学院冷真龙教授编写第11教学单元,由东方电机股份有限公司罗大兵高级工程师提供相关资料,并协助编写。

因该书涉及内容广泛,编者水平有限,难免出现错误和处理不妥之处,请读者批评指正。

在此还要感谢区域内企业的大力支持。

编　者

AR 内容资源获取说明

——→扫描二维码即可获取本书 AR 内容资源！

Step1：扫描下方二维码，下载安装"4D 书城"APP；

Step2：打开"4D 书城"APP，点击菜单栏中间的扫码图标，再次扫描二维码下载本书；

Step3：在"书架"上找到本书并打开，即可获取本书 AR 内容资源！

目 录

教学单元 1　课程认识 ………………………………………………………………… 1
　1.1　课程的性质和定位 ………………………………………………………………… 1
　1.2　该课程内容与其他课程内容的衔接 ……………………………………………… 2
　1.3　教学与学习方法 …………………………………………………………………… 3
教学单元 2　机械加工精度 …………………………………………………………… 4
　2.1　知识引入 …………………………………………………………………………… 4
　　2.1.1　加工精度的概念 ……………………………………………………………… 5
　　2.1.2　加工误差的概念 ……………………………………………………………… 5
　　2.1.3　加工精度的获取方法 ………………………………………………………… 5
　　2.1.4　影响机械加工精度的原始误差因素 ………………………………………… 7
　　2.1.5　原始误差与加工误差的关系 ………………………………………………… 8
　2.2　工艺系统的几何精度对加工精度的影响 ………………………………………… 9
　　2.2.1　机床制造误差及磨损 ………………………………………………………… 9
　　2.2.2　其他几何误差 ………………………………………………………………… 15
　2.3　工艺系统受力变形对加工精度的影响 …………………………………………… 16
　　2.3.1　基本概念 ……………………………………………………………………… 16
　　2.3.2　切削力对加工精度的影响 …………………………………………………… 17
　　2.3.3　其他作用力对加工精度的影响 ……………………………………………… 21
　　2.3.4　内应力重新分布对加工精度的影响 ………………………………………… 22
　　2.3.5　减少工艺系统受力变形的措施 ……………………………………………… 22
　2.4　工艺系统受热变形对加工精度的影响 …………………………………………… 23
　　2.4.1　工艺系统的热源 ……………………………………………………………… 23
　　2.4.2　工艺系统热变形对加工精度的影响 ………………………………………… 23
　　2.4.3　减小工艺系统热变形的措施 ………………………………………………… 25
　2.5　保证和提高加工精度的途径 ……………………………………………………… 25
　　2.5.1　误差预防技术 ………………………………………………………………… 25
　　2.5.2　误差补偿技术 ………………………………………………………………… 26
　复习与思考题 …………………………………………………………………………… 26
教学单元 3　机械加工工艺规程设计基础 …………………………………………… 28
　3.1　知识引入 …………………………………………………………………………… 28
　3.2　基本概念 …………………………………………………………………………… 29

3.3 零件图样的工艺分析……36
3.4 毛坯的选择及热处理……38
 3.4.1 毛坯的选择……38
 3.4.2 热处理方式及其工序安排……38
3.5 定位基准的确定……41
 3.5.1 基准的概念及其分类……41
 3.5.2 定位基准的选择……42
3.6 加工方案和加工顺序的确定……44
 3.6.1 加工方案的确定……44
 3.6.2 加工顺序的确定……48
3.7 加工余量、工序尺寸及公差的确定……50
 3.7.1 加工余量及其确定……50
 3.7.2 工序尺寸及其公差的确定……51
3.8 工序简图的绘制……54
3.9 切削用量的选择……55
3.10 工艺装备选择……57
3.11 时间定额及提高劳动生产率的工艺途径……57
 3.11.1 时间定额……57
 3.11.2 提高劳动生产率的工艺途径……58
3.12 填写工艺文件……60
复习与思考题……61

教学单元4 轴类零件的加工工艺设计……69
4.1 任务引入……69
4.2 相关知识……71
 4.2.1 零件图样的工艺分析……71
 4.2.2 材料、毛坯及热处理方式选择……72
 4.2.3 轴类零件的常见加工表面及加工方法……73
 4.2.4 轴类零件的加工方案……79
4.3 任务实施……80
 4.3.1 编制并填写轴类零件的加工工艺文件……80
 4.3.2 根据工艺文件，设计工艺实施方案……85
复习与思考题……86

教学单元5 盘、套类零件的加工工艺设计……87
5.1 任务引入……87
5.2 相关知识……88
 5.2.1 零件图样的工艺分析……88
 5.2.2 材料、毛坯及热处理方式选择……89
 5.2.3 盘、套类零件的常见加工表面及加工方法……89

5.2.4 盘、套类零件的加工方案 …………………………………………………… 107
 5.3 任务实施 ……………………………………………………………………………… 109
  5.3.1 编制并填写盘、套类零件的加工工艺文件 ……………………………… 109
  5.3.2 根据工艺文件，设计工艺实施方案 ……………………………………… 110
 复习与思考题 ……………………………………………………………………………… 112

教学单元 6　箱体零件的加工工艺设计 ………………………………………………… 113
 6.1 任务引入 ……………………………………………………………………………… 113
 6.2 相关知识 ……………………………………………………………………………… 113
  6.2.1 零件图样的工艺分析 ……………………………………………………… 113
  6.2.2 材料、毛坯及热处理方式选择 …………………………………………… 116
  6.2.3 箱体类零件的常见加工表面及加工方法 ………………………………… 116
  6.2.4 制订箱体类零件加工工艺过程的共性原则 ……………………………… 141
  6.2.5 箱体类零件加工定位基准的选择 ………………………………………… 142
 6.3 任务实施 ……………………………………………………………………………… 145
  6.3.1 编制并填写箱体类零件的加工工艺文件 ………………………………… 145
  6.3.2 根据工艺文件，设计工艺实施方案 ……………………………………… 146
 复习与思考题 ……………………………………………………………………………… 147

教学单元 7　螺纹加工方法及丝杠零件的加工工艺设计 …………………………… 148
 7.1 任务引入 ……………………………………………………………………………… 148
 7.2 相关知识 ……………………………………………………………………………… 149
  7.2.1 螺纹的分类及技术要求 …………………………………………………… 149
  7.2.2 螺纹的加工方法 …………………………………………………………… 149
 7.3 编制丝杠加工工艺 …………………………………………………………………… 151
 复习与思考题 ……………………………………………………………………………… 154

教学单元 8　齿轮加工工艺设计 ………………………………………………………… 156
 8.1 任务引入 ……………………………………………………………………………… 156
 8.2 相关知识 ……………………………………………………………………………… 157
  8.2.1 零件图样的工艺分析 ……………………………………………………… 157
  8.2.2 齿轮的材料、毛坯及热处理 ……………………………………………… 158
  8.2.3 齿轮加工方案 ……………………………………………………………… 159
 8.3 任务实施 ……………………………………………………………………………… 171
  8.3.1 齿轮加工工艺过程设计分析 ……………………………………………… 171
  8.3.2 编制圆柱齿轮的加工工艺过程 …………………………………………… 175
 复习与思考题 ……………………………………………………………………………… 176

教学单元 9　数控车削加工工艺设计 …………………………………………………… 177
 9.1 任务引入 ……………………………………………………………………………… 177
 9.2 相关知识 ……………………………………………………………………………… 178
  9.2.1 零件分析 …………………………………………………………………… 178

9.2.2 数控车削工序的划分 …………………………………… 179
9.2.3 工步顺序和进给路线的确定 …………………………… 180
9.2.4 数控车削加工刀具及切削用量的选择 ………………… 181
9.2.5 数控车削加工的装夹与对刀 …………………………… 184
9.3 任务实施 …………………………………………………… 187
9.3.1 数控车削加工工艺编制分析 …………………………… 187
9.3.2 填写数控车削加工工艺文件 …………………………… 189
复习与思考题 …………………………………………………… 190

教学单元10 数控镗铣、加工中心加工工艺设计 …………… 192
10.1 任务引入 ………………………………………………… 192
10.2 相关知识 ………………………………………………… 195
10.2.1 数控镗铣、加工中心加工的类型对象 ………………… 195
10.2.2 装夹方案的确定和夹具的选择 ………………………… 197
10.2.3 曲面的加工方法 ………………………………………… 198
10.2.4 零件的数控加工工艺过程分析 ………………………… 201
10.3 任务实施 ………………………………………………… 204
10.3.1 支承套零件的数控加工工艺编制 ……………………… 204
10.3.2 异形支架零件的数控加工工艺编制 …………………… 208
复习与思考题 …………………………………………………… 211

教学单元11 零件的特种加工工艺设计 ……………………… 212
11.1 任务引入 ………………………………………………… 212
11.2 相关知识 ………………………………………………… 213
11.2.1 电火花成形加工 ………………………………………… 213
11.2.2 数控电火花线切割加工 ………………………………… 233
11.2.3 超声加工 ………………………………………………… 245
11.3 任务实施 ………………………………………………… 247
11.3.1 凸模线切割加工工艺编制 ……………………………… 247
11.3.2 凹模线切割加工工艺编制 ……………………………… 248
复习与思考题 …………………………………………………… 249

教学单元 1
课程认识

1.1 课程的性质和定位

高职高专机械制造类专业，主要面向的是机械制造企业的设备操作、零件制造工艺与工装设计、产品装配与调试等岗位，培养高素质高技能的技术应用型人才。

随着科学技术的发展，对产品的要求越来越高。一方面产品的结构日趋复杂，另一方面精度和性能要求日益提高，再就是大力提倡低碳、绿色制造技术，因此对生产工艺提出了更高的要求。为适应这一新的趋势，必须紧跟当今世界先进的制造技术水平，采用低碳和环保的手段制造产品。

随着产品结构的复杂化，对制造产品的工艺设备——机床也相应地提出了高效率、高精度和高自动化等方面的要求。为满足人们的需要，产品需日益更新，且向多品种、单件、小批量的趋势发展。为了适应这种趋势，就必须找到一种能解决单件、小批量、多品种的问题，特别是复杂型面零件加工的自动化，并保证质量要求的设备，数控机床就是在此背景下产生的。数控机床加工技术是利用数控设备根据不同的工艺要求来完成零件加工的技术，应用技术水平的高低直接影响数控机床功能的发挥，从而影响产品的质量和生产效益。

产品的生产和制造，首先必须对产品的零件图样进行设计，然后分析零件图样的技术要求，确定加工方案，最后进行产品的加工。机械零件的制造离不开检测量具或量仪、刀具、夹具及机床等工艺装备，将这些项目列入具有专门格式要求的表格中，形成工艺文件。零件的制造工艺文件是指导生产不可缺少的技术文件，工艺文件所反映的主要内容包含零件生产加工过程中所使用的刀具及参数、量具、机床设备、切削用量等。

"机械加工工艺"课程是机械制造类专业的一门主干专业课程，其培养目标就是要围绕生产加工岗位的能力要求，强化零件加工工艺的设计及应用能力的培养，使学生具备分析和解决生产过程中一般工艺问题的能力；能依据工艺文件的要求，合理选择刀具、机床和切削用量；能编制零件加工工艺文件，并具备现场工艺实施能力。

"机械加工工艺"课程，主要讲授机械质量概念、机械加工工艺规程的设计方法、常见典型零件的加工工艺设计以及特种加工工艺、数控车削加工工艺、数控镗铣、加工中心加工工艺等，使学生全面具备机械加工工艺编制与实施能力。

1.2 该课程内容与其他课程内容的衔接

"机械加工工艺"课程是机械制造类专业的一门主干专业课程，是学生在学习完金属切削加工与刀具、机床夹具及应用、零件几何量检测及金属切削机床等主干专业课程的基础上，进行综合应用的一门课程，该课程与其他各课程之间衔接紧密，是培养学生零件加工工艺设计能力的主要课程。

在"金属切削加工与刀具"课程中，讲到了金属切削加工原理以及刀具的选择、加工质量的控制、切削用量的合理选择等知识，这些内容与"机械加工工艺"课程关联性极大，机械加工工艺的主要内容之一就是要合理的确定切削用量和正确的选择刀具，因此该课程知识点的掌握直接影响"机械加工工艺"课程的学习。

"机床夹具及应用"课程，主要讲授的是工件加工时的定位、安装及装夹，工件的装夹是离不开夹具的。这些内容与"机械加工工艺"课程的关联性极大，因为机械加工工艺主要反应如何把零件从毛坯加工到符合零件图样要求的全过程的方法和手段等，其中当然包含每种加工方法的零件的定位和装夹方式。由此可见，"机床夹具及应用"课程学的好与坏，也直接影响到"机械加工工艺"课程的学习。

"金属切削机床"课程，主要讲授的是加工机械零件的机床设备的性能及使用等，通过该课程的学习，学生能够根据实际的加工要求，合理地选择机床设备的规格、型号和技术要求。这些内容也是工艺设计的主要内容，可以说该门课程与"机械加工工艺"课程的衔接与相互关联性强。

"机械加工工艺"课程就是要把前面各主要课程的知识点进行综合应用，解决工艺设计问题。所以说，该课程是机械制造类专业重要的专业主干课程，只有学好该门课程才能保障机械制造类专业"工艺"核心能力的培养，才能保证专业培养目标的实现。

1.3 教学与学习方法

由于该门课程对理论与实践要求都很高,所以必须强化理论与实践的有机结合,要充分利用行业、企业优势,大力推行"校企合作、工学结合"的教学模式,做到理论与实践并重,强化应用能力的培养。

教师教学方法:

(1) 采取任务驱动的教学模式;

(2) 完善实践教学资源,开发多种教学手段;

(3) 引入企业典型案例,理论联系实际开展教学。

学生学习方法:

(1) 了解该门课程的重要性;

(2) 重视该门课程,端正学习态度;

(3) 强化理论钻研,拓展相关知识面;

(4) 深入实验室认真做好实验;

(5) 深入校内生产实训基地,全面了解企业生产过程,切实了解各类常用刀具及其在生产中的正确应用。

教学单元 2
机械加工精度

2.1 知识引入

如图 2-1 所示定位销轴，在加工时要考虑到工件<u>尺寸精度</u>、<u>表面粗糙度</u>、<u>形状位置精度</u>、<u>热处理</u>等方面的要求。那么哪些因素会影响到上述几个方面的要求呢？采用什么方法来保证上述要求呢？这是本单元要解决的问题。

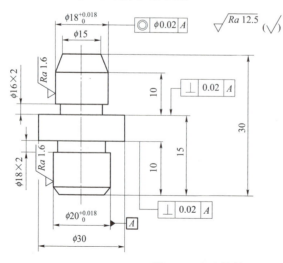

图 2-1 定位销轴

2.1.1 加工精度的概念

加工精度是指零件加工后的实际几何参数（尺寸、形状和位置）与理想几何参数的符合程度。加工精度包括尺寸精度、形状精度和位置精度三个方面。

1）尺寸精度

尺寸精度是指加工后零件表面本身或表面之间的实际尺寸与理想尺寸之间的符合程度。这里所说的理想尺寸是指零件图上所标注的有关尺寸的平均值。

2）形状精度

形状精度是指加工后零件各表面的实际形状与表面理想形状之间的符合程度。这里所说的表面理想形状是指绝对准确的表面形状，如平面、圆柱面、球面、螺旋面等。

3）位置精度

位置精度是指加工后零件表面之间的实际位置与表面之间理想位置的符合程度。这里所说的表面之间理想位置是绝对准确的表面之间位置，如两平面平行、两平面垂直、两圆柱面同轴等。

对于任何一个零件来说，其实际加工后的尺寸、形状和位置误差，若在零件图所规定的公差范围内，则在机械加工精度这个质量要求方面能够满足要求，即是合格品；若有其中任何一项超出公差范围，则是不合格品。

2.1.2 加工误差的概念

1）加工误差

加工误差是指零件加工后的实际几何参数与理想几何参数的偏离程度。无论是用试切法加工一个零件，还是用调整法加工一批零件，加工后都会发现可能有很多零件在尺寸、形状或位置方面与理想零件有所不同，它们之间的差值分别称为尺寸、形状和位置误差。

2）原始误差

造成零件加工后在尺寸、形状或位置加工误差的工艺因素称为原始误差。在零件加工中，造成加工误差的主要原始误差大致可划分为如下两个方面。

（1）工艺系统的原有误差。在工件未进行正式切削加工以前，加工方法本身存在着加工原理误差或由机床、夹具、刀具、量具和工件所组成的工艺系统本身就存在某些误差因素，它们将在不同程度上以不同的形式反映到被加工的零件上去，造成加工误差。工艺系统原有的原始误差主要有加工原理误差、机床误差、夹具和刀具误差、工件误差、测量误差以及定位和安装调整误差等。

（2）加工过程中的其他因素。在零件的加工过程中，在力、热和磨损等因素的影响下，破坏了工艺系统的原有精度，使工艺系统有关组成部分产生新的原始误差，从而进一步造成加工误差。加工过程中其他造成原始误差的因素，主要有工艺系统的受力变形、工艺系统热变形、工艺系统磨损和工艺系统残余应力等。

2.1.3 加工精度的获取方法

在机械加工中，根据生产批量和生产条件的不同，可采用如下一些获得加工精度的方法。

1) 尺寸精度的获取方法

在机械加工中，获得尺寸精度的方法主要有下述四种。

(1) 试切法。它是获得零件尺寸精度最早采用的加工方法，同时也是目前常用的能获得高精度尺寸的主要方法之一。所谓试切法，是在工件加工过程中不断对已加工表面的尺寸进行测量，并相应调整刀具相对工件加工表面的位置进行试切，直至达到尺寸精度要求的加工方法。工件上轴颈尺寸的试切车削加工、轴颈尺寸的在线测量磨削、箱体零件孔系的试镗加工及精密量块的手工精研等，都是采用试切法加工的。

(2) 调整法。它是在成批生产条件下采用的一种加工方法。所谓调整法，即按试切好的工件尺寸、标准件或对刀块等调整确定刀具相对工件定位基准的准确位置，并在保持此准确位置不变的条件下，对一批工件进行加工的方法。如在多刀车床或六角自动车床上加工轴类零件、在铣床上铣槽、在无心磨床上磨削外圆及在摇臂钻床上用钻床夹具加工孔系等。

(3) 定尺寸刀具法。它是在加工过程中采用具有一定尺寸的刀具或组合刀具，以保证被加工零件尺寸精度的一种方法。如用方形拉刀拉方孔，用钻头、扩孔钻、铰刀或镗刀块加工内孔，及用组合铣刀铣工件两侧面和槽面等。

(4) 自动控制法。在加工过程中，通过由尺寸测量装置、动力进给装置和控制机构等组成的自动控制系统，使加工过程中的尺寸测量、刀具的补偿调整和切削加工等一系列工作自动完成，从而自动获得所要求尺寸精度的一种加工方法。如在无心磨床上磨削轴承圈外圆时，通过测量装置控制导轮架进行微量的补偿进给，从而保证工件的尺寸精度；以及在数控机床上，通过数控装置、测量装置及伺服驱动机构，控制刀具在加工时应具有的准确位置，从而保证零件的尺寸精度等。

2) 形状精度的获取方法

在机械加工中，获得形状精度的方法主要有下述两种。

(1) 成形运动法。以刀具的刀尖作为一个点相对工件做有规律的切削成形运动，从而使加工表面获得所要求形状的加工方法。此时，刀具相对工件运动的切削成形面即是工件的加工表面。机器上的零件虽然种类很多，但它们的表面不外乎由几种简单的几何形面所组成。例如，常见的零件表面有圆柱面、圆锥面、平面、球面、螺旋面和渐开线面等，这些几何形面均可通过成形运动法加工出来。

在生产中，为了提高效率，往往不是使用刀具刃口上的一个点，而是采用刀具的整个切削刃口（即线工具）加工工件。如采用拉刀、成形车刀及宽砂轮等对工件进行加工，这时由于制造刀具刃口的成形运动已在刀具的制造和刃磨过程中完成，故可明显简化零件加工过程中的成形运动。宽砂轮横进给磨削、成形车刀切削及螺纹表面的车削加工等，都是这方面的实例。

在采用成形刀具的条件下，通过它相对工件所做的展成啮合运动，还可以加工出形状更为复杂的几何形面。如各种花键表面和齿形表面的加工，就常常采用这种方法，此时，刀具相对工件做展成啮合的成形运动，其加工后的几何形面即是刀刃在成形运动中的包络面。

(2) 非成形运动法。零件表面形状精度的获得不是靠刀具相对工件的准确成形运动，而是靠在加工过程中对加工表面形状的不断检验和工人对其进行精细修整加工的方法。

非成形运动法虽然是获得零件表面形状精度最原始的加工方法，但直到目前为止，某些复杂的形状表面和形状精度要求很高的表面仍然适用。如具有较复杂空间型面锻模的精加工，高精度测量平台和平尺的精密刮研加工，以及精密丝杠的手工研磨加工等。

3) 位置精度的获取方法

在机械加工中，获得位置精度的方法主要有下述两种。

(1) 一次装夹获得法。零件有关表面间的位置精度是直接在工件的同一次装夹中，由各有关刀具相对工件的成形运动之间的位置关系保证的。如轴类零件外圆与端面、轴肩的垂直度，箱体孔系加工中各孔之间的同轴度、平行度和垂直度等，均可采用一次装夹获得法。

(2) 多次装夹获得法。零件有关表面间的位置精度是由刀具相对工件的成形运动与工件定位基准面（亦是工件在前几次装夹时的加工面）之间的位置关系保证的。如轴类零件上键槽对外圆表面的对称度，箱体平面与平面之间的平行度、垂直度，箱体孔与平面之间的平行度和垂直度等，均可采用多次装夹获得法。在多次装夹获得法中，又可根据工件的不同装夹方式划分为直接装夹法、找正装夹法和夹具装夹法。

2.1.4 影响机械加工精度的原始误差因素

零件的加工过程中可能出现种种的原始误差，它们会引起工艺系统各环节相互位置关系的变化而造成加工误差。下面我们以活塞加工中精镗销孔工序的加工过程为例（图 2-2），分析影响工件和刀具间相互位置的种种因素，以使我们对工艺系统的各种原始误差有一个初步的了解。

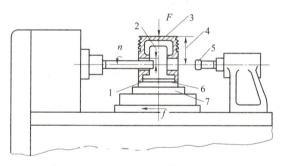

图 2-2 活塞销孔精镗工序示意图

1—定位止口；2—对刀尺寸；3—设计基准；
4—设计尺寸；5—定位用菱形销；6—定位基准；7—夹具

(1) 装夹。活塞以止口及其端面为定位基准，在夹具中定位，并用菱形销插入经半精镗的销孔中做周向定位。固定活塞的夹紧力作用在活塞的顶部，这时就产生了由于设计基准（顶面）与定位基准（止口端面）不重合，以及定位止口与夹具上凸台、菱形销与销孔的配合间隙而引起的定位误差，还存在由于夹紧力过大而引起的夹紧误差，这两项原始误差统称为工件装夹误差。

(2) 调整。装夹工件前后必须对机床、刀具和夹具进行调整，并在试切几个工件后再进行精确微调，才能使工件和刀具之间保持正确的相对位置。例如，本例需进行夹具在工作台上的调整，菱形销与主轴同轴度的调整，以及对刀调整（调整镗刀刀刃的伸出长度以保证镗孔直径）等。由于调整不可能绝对精确，因而就会产生调整误差。另外机床、刀具及夹具本身的制造误差在加工前就已经存在了，这类原始误差称为工艺系统的几何误差。

（3）加工。由于在加工过程中产生了切削力、切削热和摩擦，它们将引起工艺系统的受力变形、受热变形和磨损，这些都会影响在调整时所获得的工件与刀具之间的相对位置，造成种种加工误差。这类在加工过程中产生的原始误差称为工艺系统的动误差。

在加工过程中，还必须对工件进行测量，才能确定加工是否合格，工艺系统是否需要重新调整。任何测量方法和量具、量仪也不可能绝对准确，因此测量误差也是一项不容忽视的原始误差。

此外，工件在毛坯制造（铸、锻、焊、轧制）、切削加工、热处理时的力和热的作用下产生的内应力，将会引起工件变形而产生加工误差。有时由于采用了近似的成形方法进行加工，还会造成加工原理误差。因此，工件内应力引起的变形及原理误差也是原始误差。

最后，为清晰起见，可将加工过程中可能出现的种种原始误差归纳如下：

原始误差分为：与工艺系统初始状态有关的原始误差（几何误差）和与工艺过程有关的原始误差（动误差）。其中"几何误差"包括原理误差、定位误差、调整误差、刀具误差、夹具误差（工件相对于刀具在静止状态下已存在的误差）和机床主轴回转误差、机床导轨导向误差、机床传动误差（工件相对于刀具在运动状态下已存在的误差），"动态误差"包括工艺系统受力变形（包括夹紧变形）、工艺系统受热变形、刀具磨损、测量误差、工件残余应力引起变形等。

2.1.5 原始误差与加工误差的关系

切削加工过程中，由于各种原始误差的影响，会使刀具和工件间的正确几何关系遭到破坏，引起加工误差。通常各种原始误差的大小和方向是各不相同的，而加工误差则必须在工序尺寸方向度量，因此，不同的原始误差对加工精度有不同的影响。当原始误差的方向与工序尺寸方向一致时，其对加工精度的影响最大。下面以外圆车削为例来进行说明。

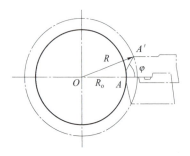

图 2-3 原始误差与加工误差的关系

如图 2-3 所示，车削时工件的回转轴心是 O，刀尖正确位置在 A，设某一瞬时由于各种原始误差的影响，使刀尖位移到 A'，AA' 向量即为原始误差 δ，它与 OA 向量间夹角为 φ，由此引起工件加工后的半径由 $R_o = OA$ 变为 $R = OA'$，故半径上（即工序尺寸方向上）的加工误差 ΔR 为

$$\Delta R = OA' - OA = \sqrt{R_o^2 + \delta^2 + 2R_o\delta\cos\varphi} - R_o \approx \delta\cos\varphi + \frac{\delta^2}{2R_o}$$

可以看出：当原始误差的方向恰为加工表面法线方向（$\varphi = 0°$）时，引起的加工误差 $\Delta R_{\varphi=0°} = \delta$ 为最大；当原始误差的方向恰为加工表面的切线方向时（$\varphi = 90°$），引起的加工误差 $\Delta R_{\varphi=90°} = \dfrac{\delta^2}{2R_o}$ 为最小，通常可以忽略。为了便于分析原始误差对加工精度的影响，我们把对加工精度影响最大的那个方向（即通过刀刃的加工表面的法向）称为误差的敏感方向。

2.2 工艺系统的几何精度对加工精度的影响

2.2.1 机床制造误差及磨损

机床的制造误差、安装误差以及使用中的磨损,都直接影响工件的加工精度,其中主要是机床主轴回转运动、机床导轨直线运动和机床传动链的误差。

一、机床主轴的回转运动误差

1)主轴回转运动误差的概念与形式

机床主轴的回转运动误差,直接影响被加工工件的加工精度,尤其是在精加工时,机床主轴的回转误差往往是影响工件圆度误差的主要因素。如坐标镗床、精密车床和精密磨床,都要求主轴有较高的回转精度。

机床主轴作回转运动时,主轴的各个截面必然有它的回转中心。在主轴的任一截面上,主轴回转时若只有一点速度始终为零,则这一点即为理想回转中心。但在主轴的实际回转过程中,理想的回转中心是不存在的,而存在一个其位置时刻变动的回转中心,此中心称为瞬时回转中心,主轴各截面瞬时回转中心的连线叫瞬时回转轴线。所谓主轴的回转运动误差,是指主轴的瞬时回转轴线相对其平均回转轴线(瞬时回转轴线的对称中心)在规定测量平面内的变动量。变动量越小,主轴回转精度越高,反之越低。

主轴的回转运动误差可分解为端面圆跳动、径向圆跳动、角度摆动三种基本形式,如图 2-4 所示。

(1)端面圆跳动。瞬时回转轴线沿平均回转轴线方向的轴向运动,如图 2-4(a)所示。它主要影响端面形状和轴向尺寸精度。

(2)径向圆跳动。瞬时回转轴线始终平行于平均回转轴线方向的径向运动,如图 2-4(b)所示。它主要影响圆柱面的精度。

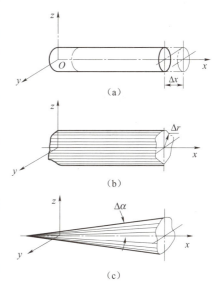

图 2-4 主轴回转误差的基本形式

(a)端面圆跳动;(b)径向圆跳动;
(c)角度摆动

(3)角度摆动。瞬时回转轴线与平均回转轴线成一倾斜角度,但其交点位置固定不变的运动,如图 2-4(c)所示。在不同横截面内,轴心运动误差轨迹相似,它影响圆柱面与端面加工精度。

上述是指单纯的主轴回转运动误差,实际中常是上述几种运动的合成运动。

2）主轴回转运动误差的影响因素

影响主轴回转运动误差的主要因素是主轴的误差、轴承的误差、轴承的间隙与轴承配合零件的误差及主轴系统的径向不等刚度和热变形等。对于不同类型的机床，其影响因素也各不相同。如对工件回转类机床（如车床、外圆磨床），因切削力的方向不变，主轴回转时作用在支承上的作用力方向也不变。此时，主轴的支承轴颈的圆度误差影响较大，而轴承孔圆度误差影响较小，如图 2-5（a）所示。对于刀具回转类机床（如钻、铣镗床），切削力方向随旋转方向而改变。此时，主轴支承轴颈的圆度误差影响较小，而轴承孔的圆度误差影响较大。图 2-5（b）所示为轴颈回转到不同位置时与轴承孔接触的情况。

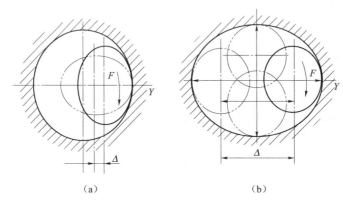

图 2-5　两类主轴回转误差的影响

（a）工件回转类机床；（b）刀具回转类机床

3）主轴回转精度的测量

（1）千分表测量法（径向、轴向）。生产现场常用的方法是心棒检测法，将精密心棒插入主轴锥孔，在其圆周表面和端部用千分表测量，如图 2-6 所示。此法简单易行，但不能反映主轴工作转速下的回转精度，也不能区分产生误差的因素。如在测量的径向圆跳动中，既包含主轴回转轴线的圆跳动，又含有主轴锥孔相对回转轴线的同轴度误差所引起的径向圆跳动。

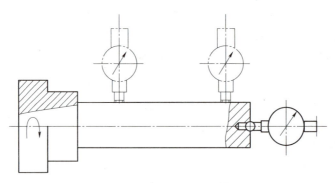

图 2-6　主轴回转精度的千分表测量法

（2）传感器测量法。图 2-7（a）所示是用于测量铣镗类机床主轴回转精度的装置，在主轴端部黏结一个精密测量球 3，球的中心和主轴回转轴线略有偏心 e（由摆动盘 1 进行调整），在球的横向互相垂直的位置上安装两个位移传感器2和4，并与测量球之间保持一定间隙。当主轴旋转时，由于轴线的漂移引起测量间隙产生微小的变化，两个传感器就发出信号，经放大器5分别输入示波器6的水平和垂直的偏置板上。如果测量球是绝对的圆，主轴的旋转也是正确的，则示波器的光屏将显出一个以测量球偏心 e 为半径的真圆；否则，若主轴的旋转存在着径向圆跳动，则传感器输出的信号中，将其跳动量叠加到球心所作的圆周运动上。此时，示波器光屏上的光点将描绘出一个非圆的李沙育图形，如图2-7（b）所示，它是由不重合的每转回转误差曲线叠加而成。包容该图形半径差最小的两个同心圆的半径差 ΔR_{min} 即为主轴回转轴线径向圆跳动，它影响加工工件的圆度误差。图形轮廓线宽度 B 表示随机径向圆跳动，它影响工件的表面粗糙度。

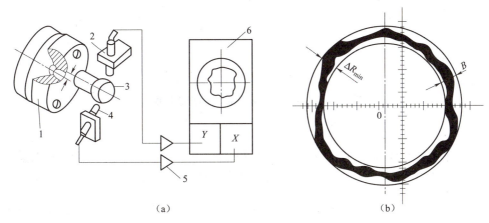

图 2-7 铣镗床类主轴回转精度测量法
（a）主轴回转精度测量装置；（b）描绘的图形
1—摆动盘；2，4—传感器；3—精密测量球；5—放大器；6—示波器

由于测量时示波器光屏上的光点是随主轴回转而描绘出的图形，直接反映了镗刀刀尖的轨迹，因而这种方法能准确地反映铣镗床主轴的回转精度。

4) 提高主轴回转精度的措施

（1）提高主轴部件的制造精度。首先应提高轴承的回转精度，如选用高精度的滚动轴承，或采用高精度的多油楔动压轴承和静压轴承；其次是提高箱体支承孔、主轴颈和与轴承相配合表面的加工精度。

（2）对滚动轴承进行预紧。对滚动轴承适当预紧以消除间隙，甚至产生微量过盈。由于轴承内、外圈和滚动体弹性变形的相互制约，既增加了轴承刚度，又对轴承内、外圈滚道和滚动体的误差起均化作用，因而可提高主轴的回转精度。

（3）采用两个固定顶尖支承。可采取措施使主轴的回转精度不反映到工件上去，常采用两个固定顶尖支承，主轴只起传动作用。工件的回转精度完全取决于顶尖和中心孔的形状误差和同轴度误差，而提高顶尖和中心孔的精度要比提高主轴部件的精度容易且经济得多。例如，外圆磨床磨削外圆柱面时，就采用固定顶尖支承。

二、机床导轨的直线运动误差

机床导轨副是实现直线运动的主要部件，其制造和装配精度是影响直线运动的主要因素，直接影响工件的加工质量。

（1）磨床导轨在水平面内直线度误差的影响。如图 2-8 所示，导轨在 x 方向存在误差 Δ，磨削外圆时工件沿砂轮法线方向产生位移，引起工件在半径方向上的误差 $\Delta R=\Delta$。当磨削长外圆时，造成圆柱度误差。

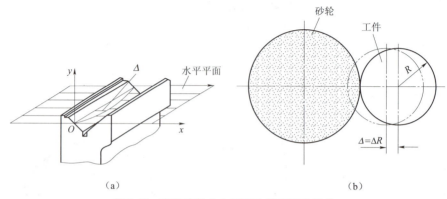

图 2-8 磨床导轨在水平面内的直线度误差
(a) 水平面内的误差；(b) 工件产生的误差

（2）磨床导轨在垂直面内直线度误差的影响。如图 2-9 所示，由于磨床导轨在垂直面内存在误差 Δ，磨削外圆时，工件沿砂轮切线方向产生位移（误差非敏感方向）。此时工件产生圆柱度误差，$\Delta R=\dfrac{\Delta^2}{2R}$，其值甚小（$\Delta R$ 系半径尺寸误差）。但对平面磨床、龙门刨床、铣床等法向方向的位移（误差敏感方向），将直接导致被加工件表面形成的形状误差。

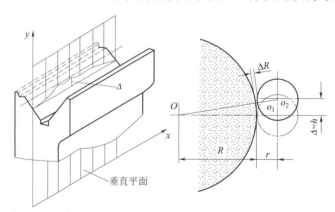

图 2-9 磨床导轨在垂直面内的直线度误差

（3）导轨面间平行度误差的影响。如车床两导轨的平行度误差（扭曲）使床鞍产生横向倾斜，刀具产生位移，因而引起工件形状误差，如图 2-10 所示。由几何关系可知

$$\Delta y=\frac{\Delta H}{B}$$

式中 Δy——工件产生的半径误差；
$\qquad H$——主轴至导轨面的距离；

Δ——导轨在垂直方向的最大平行度误差；

B——导轨宽度。

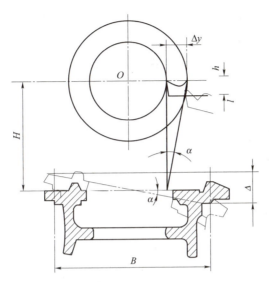

图2-10 车床导轨面间的平行度误差

机床的安装对导轨的原有精度影响也很大，尤其是刚性较差的长床身，在自重的作用下容易产生变形。因此，安装地基和安装方法如何，都将直接影响导轨的变形，产生工件的加工误差。

三、机床传动链误差

1）传动链误差的概念

在螺纹加工或用展成法加工齿轮等工件时，必须保证工件与刀具间有严格的运动关系，例如在滚齿机上用单头滚刀加工直齿轮时，要求滚刀与工件之间具有严格的运动关系，滚刀转一转，工件转过一个齿。这种运动关系是由刀具与工件间的传动链来保证的。对于如图2-11所示机床传动系统的传动链误差，可具体表示为

$$\phi_n (\phi_g) = \phi_d \times \frac{64}{16} \times \frac{23}{23} \times \frac{23}{23} \times \frac{46}{46} \times i_c i_f \times \frac{1}{96}$$

式中 $\phi_n (\phi_g)$ ——工件转角；

ϕ_d ——滚刀转角；

i_c ——差动轮系的传动比，在滚切直齿时，$i_c = 1$；

i_f ——分度挂轮传动比。

传动链中的各传动元件，如齿轮、蜗轮、蜗杆等，因有制造误差（主要是影响运动精度的误差）、装配误差（主要是装配偏心）和磨损而破坏正常的运动关系，使工件产生误差。

所谓传动链的传动误差，是指内联系的传动链中首末两端传动元件之间相对运动的误差。它是按展成原理加工工件（如螺纹、齿轮、蜗轮以及其他零件）时，影响加工精度的主要因素。

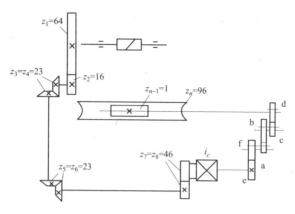

图 2-11 滚齿机传动链误差

2）减少传动链传动误差的措施

（1）尽可能缩短传动链（减少传动元件数量）。例如，图 2-12 所示是一台大批量生产中使用的螺纹磨床的传动系统，机床用可换的母丝杠与被加工工件在同一轴线上串联起来，母丝杠螺距等于工件螺距，传动链最短，就可得到较高的传动精度。

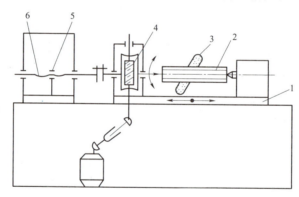

图 2-12 精密螺纹磨床传动系统

1—工作台；2—工件；3—砂轮；4—蜗杆副；5—螺母；6—母丝杠

（2）减少各传动元件装配时的几何偏心，提高装配精度。

（3）提高传动链末端元件的制造精度。在一般的降速传动链中，末端元件的误差影响最大，故末端元件（如滚齿机的分度蜗轮、螺纹加工机床的母丝杠等）的精度就应最高。

（4）在传动链中按降速比递增的原则分配各传动副的传动比。传动链末端传动副的降速比取的越大，则传动链中其余各传动元件误差的影响就越小。为此，分度蜗轮的齿数应取的较多，母丝杠蜗杆副的螺距也应较大，这将有利于减少传动链误差。

（5）采用校正装置。校正装置的实质是在原传动链中人为地加入一误差，其大小与传动链本身的误差相等而方向相反，从而使之相互抵消。

例如，高精度螺纹加工机床常采用的机械式校正机构，其原理如图 2-13 所示。根据测量被加工工件 1 的导程误差，设计出校正尺 5 上的校正曲线 7，校正尺 5 固定在机床床身上。加工螺纹时，机床母丝杠带动螺母 2 及与其相固联的刀架和杠杆 4 移动，同时，校正尺 5 上的校正误差曲线 7 通过触头 6、杠杆 4 使螺母 2 产生一附加转动,从而使刀架得到一附加位移,以补偿传动误差。

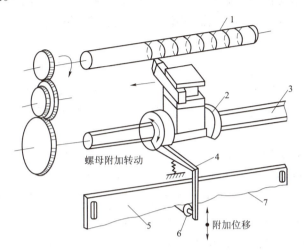

图 2-13 丝杠加工误差校正装置

1—工件;2—螺母;3—母丝杠;4—杠杆;5—校正尺;6—触头;7—校正误差曲线

采用机械式的校正装置只能校正机床静态的传动误差。如果要校正机床静态及动态传动误差,需采用计算机控制的传动误差补偿装置。

2.2.2 其他几何误差

一、原理误差

原理误差是由于采用了近似的成形运动或近似的刀刃轮廓所产生的误差。一般情况下,为了获得规定的加工表面,刀具和工件之间必须作相对的准确的成形运动。如车削螺纹时,必须使刀具和工件间完成准确的螺旋运动(成形运动);滚切齿轮时,必须使滚刀和工件间有准确的展成运动。机械加工中这种相对的成形运动称为加工原理。当然也可以用成形刀具直接加工出成形表面。从理论上讲应该采用理想的加工原理和完全准确的成形运动以获得精确的零件表面,但在实践中,由于采用理论上完全准确的加工原理,有时会使机床或刀具的结构极为复杂,造成制造上的困难,或由于结构环节多,机床传动误差增加,反而得不到高的加工精度。所以,在这种情况下,常常采用近似的加工原理以获得较高的加工精度,同时还可以提高加工效率,使加工过程更为经济。

二、刀具误差

机械加工中常用的刀具:一般刀具、定尺寸刀具和成形刀具。

一般刀具(如普通车刀、单刃镗刀和平面铣刀等)的制造误差,对加工精度没有直接影响。

定尺寸刀具(如钻头、铰刀、拉刀等)的尺寸误差直接影响加工工件的尺寸精度。刀具在安装使用中不当将产生跳动,也将影响加工精度。

成形刀具(如成形车刀、成形铣刀及齿轮刀具等)的制造误差和磨损,主要影响被加工表面的形状精度。

三、工件的装夹误差与夹具磨损

工件装夹误差是指定位误差和夹紧误差,这部分内容已在《机床夹具设计》一书中介绍,此处不再叙述。此外,夹具在长期使用过程中工作表面的磨损,也直接影响工件的加工精度。

四、调整误差

在机械加工的每一工序中,总是要对工艺系统进行这样或那样的调整工作,由于调整不可能绝对地准确,因而产生调整误差。工艺系统的调整有如下两种基本方式,不同的调整方式有不同的误差来源。

(1) 试切法调整。单件小批量生产中,通常采用试切法调整。方法是:对工件进行试切—测量—调整—再试切,直到达到要求的精度为止。这时,引起调整误差的因素是:

① 测量误差。由于量具本身精度、测量方法不同及使用条件的差别(如温度、操作者的细心程度等),它们都影响测量精度,因而产生加工的误差。

② 进给机构的位移误差。在试切中,总是要微量调整刀具的位置。在低速微量进给中,常会出现进给机构的"爬行"现象,其结果使刀具的实际位移与刻度盘上的数值不一致,造成加工误差。

③ 试切时与正式切削时切削层厚度不同的影响。精加工时,试切的最后一刀往往很薄,切削刃只起挤压作用而不起切削作用,但正式切削时的深度较大,切削刃不打滑,就会多切工件。因此,工件尺寸就与试切时不同,形成工件的尺寸误差。

(2) 调整法调整。采用调整法对工艺系统进行调整时,也要以试切为依据。因此,上述影响试切法调整精度的因素,同样对调整法也有影响。此外,影响调整精度的因素还有:用定程机构调整时,调整精度取决于行程挡块、靠模及凸轮等机构的制造精度和刚度,以及与其配合使用的离合器、控制阀等的灵敏度;用样件或样板调整时,调整精度取决于样件或样板的制造、安装和对刀精度;工艺系统初调好以后,一般要试切几个工件,并以其平均尺寸作为判断调整是否准确的依据,由于试切加工的工件数(称为抽样件数)不可能太多,不能完全反映整批工件切削过程中的各种随机误差,故试切加工几个工件的平均尺寸与总体尺寸不能完全符合,也造成加工误差。

2.3 工艺系统受力变形对加工精度的影响

2.3.1 基本概念

一、受力变形现象

机械加工中,工艺系统在切削力、夹紧力、传动力、惯性力等外力的作用下,会发生变形,如图 2-14 所示。

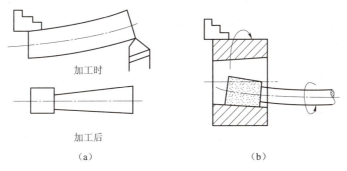

图 2-14 工艺系统受力变形引起的加工误差

二、工艺系统刚度

工艺系统在外力作用下抵抗变形的能力为

$$K = \frac{F}{Y}$$

式中 K——静刚度（N/mm）；
F——沿变形方向上的静载荷大小（N）；
Y——静变形量（mm）。

工艺系统内各组成环节在切削加工过程中，都会产生不同程度的变形，使刀具和工件的相对位置发生改变，从而产生相应的加工误差。工艺系统在某处的法向（误差敏感方向）总变形 y_{st} 是各个组成环节在同一位置处法向变形的叠加，即

$$y_{st} = y_{jc} + y_j + y_d + y_g$$

式中 y_{st}——工艺系统的变形量；
y_{jc}——机床的变形量；
y_j——夹具的变形量；
y_d——刀具的变形量；
y_g——工件的变形量。

工艺系统在某处受法向力 F_y，其刚度和各组成环节的刚度为

$$K_{st} = \frac{F_y}{y_{st}};\quad K_{jc} = \frac{F_y}{y_{jc}};\quad K_j = \frac{F_y}{y_j};\quad K_d = \frac{F_y}{y_d};\quad K_g = \frac{F_y}{y_g}$$

代入上式得

$$K_{st} = 1 \bigg/ \left(\frac{1}{K_{jc}} + \frac{1}{K_j} + \frac{1}{K_d} + \frac{1}{K_g} \right)$$

式中 K_{st}、K_{jc}、K_j、K_d、K_g——分别是工艺系统、机床、夹具、刀具、工件的刚度。

2.3.2 切削力对加工精度的影响

在加工过程中，刀具相对于工件的位置是不断变化的，切削力的作用点位置和切削力的大小是在变化的。

一、切削力作用点位置变化产生的加工误差

现以在车床顶尖间加工光轴的情况来说明。设切削过程中切削力为常值，工艺系统的变形为（夹具包含在机床中）

$$y_{st} = y_{jc} + y_j + y_d + y_g$$

（1）机床的变形。如图 2-15 所示（此时不考虑工件变形），工件的长度为 L，径向切削力为 F_y，当刀具作用在距主轴前顶尖 x 处，通过工件作用在主轴部件和尾座部件的力分别为 F_{ct} 和 F_{uz}，刀架受力为 F_y。此时使主轴位置由 A 移到 A'，尾座位置由 B 移到 B'，刀架位置由 C 移到 C'，工件的中心线由 AB 移到 $A'B'$。

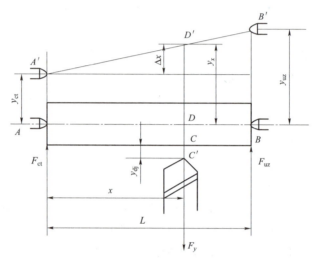

图 2-15　机床变形随切削力位置变化

由图可知，在作用点 x 处，工件相对于刀具的位移量为

$$y_{jc} = y_x + y_{dj}$$

根据图示

$$y_x = y_{ct} + \Delta x$$

$$\Delta x = (y_{uz} - y_{ct}) \frac{x}{L}$$

按刚度定义

$$F_{ct} = F_y \frac{L-x}{L},\quad F_{uz} = F_y \cdot \frac{x}{L}$$

由力的平衡可以算

$$y_{ct} = \frac{F_{ct}}{K_{ct}},\quad y_{uz} = \frac{F_{uz}}{K_{uz}},\quad y_{dj} = \frac{F_y}{K_{dj}}$$

将各值代入，整理，得机床变形量

$$y_{jc} = F_y \left[\frac{1}{K_{dj}} + \frac{1}{K_{ct}} \left(\frac{L-x}{L}\right)^2 + \frac{1}{K_{uz}} \left(\frac{x}{L}\right)^2 \right]$$

机床的刚度

$$K_{jc} = \frac{F_y}{y_{jc}} = \frac{1}{\dfrac{1}{K_{dj}} + \dfrac{1}{K_{ct}}\left(\dfrac{L-x}{L}\right)^2 + \dfrac{1}{K_{uz}}\left(\dfrac{x}{L}\right)^2}$$

（2）工件的变形。工件的变形一般可按材料力学公式计算。工件可视为简支梁，距前顶尖 x 处工件的变形为

$$y_g = \frac{F_y}{3EI} \cdot \frac{(L-x)^2 x^2}{L}$$

工件的刚度

$$K_g = \frac{3EIL}{(L-x)^2 x^2}$$

（3）刀具的变形。车削时 F_y 引起刀具的变形很小，F_z 使刀具产生弯曲，在工件的切向上产生位移，对加工精度的影响很小，也可忽略不计。

（4）工艺系统变形。

$$y_{st} = y_{jc} + y_k$$

$$= F_y \left[\frac{1}{K_{dj}} + \frac{1}{K_{ct}}\left(\frac{L-x}{L}\right)^2 + \frac{1}{K_{uz}}\left(\frac{L}{x}\right)^2 + \frac{(L-x)^2 x^2}{3EIL} \right]$$

$$K_{st} = \frac{1}{\dfrac{1}{K_{dj}} + \dfrac{1}{K_{ct}}\left(\dfrac{L-x}{L}\right)^2 + \dfrac{1}{K_{uz}}\left(\dfrac{x}{L}\right)^2 + \dfrac{(L-x)^2 x^2}{3EIL}}$$

从以上两式可知，工艺系统刚度在沿工件轴线的各位置上是变化的，因此各点位移量也不相同，加工后工件表面产生几何形状误差。

例 2-1 用两顶尖安装加工直径 $d = 50$ mm，$L = 800$ mm，$E = 2 \times 10^5$ N/mm^2 的工件，设 $F_y = 300$ N，$K_{ct} = 60\,000$ N/mm，$K_{uz} = 50\,000$ N/mm^2，$K_{dj} = 40\,000$ N/mm^2，（$I = 0.05 d^4$ mm^4）。试计算由工艺系统变形引起的加工误差。

解：工件长度方向上各点的变形 y_{jc}、y_g、y_{st}，见表 2-1。并画出变形曲线如图 2-16 所示。

表 2-1 工艺系统变形量表

x	0	100	200	300	400	500	600	700	800
y_{jc}/mm	0.012 5	0.011 4	0.010 7	0.010 3	0.010 2	0.010 5	0.011 2	0.012 2	0.013 5
y_g/mm	0	0.009 8	0.028 8	0.045 0	0.051 2	0.045 0	0.028 8	0.009 8	0
y_{st}/mm	0.012 5	0.021 2	0.039 5	0.055 3	0.061 4	0.055 5	0.040	0.022	0.013 5

由表 2-1 可知，工件加工后最大直径差（即圆柱度误差）为：

$$\Delta d = 2 \times (y_{stmax} - y_{stmin}) = 2 \times (0.061\,4 - 0.012\,5) = 0.098\,7 \text{（mm）}$$

二、切削力大小变化产生的加工误差

在机械加工过程中，由于加工余量不均或材料硬度不一致，也会影响工件的加工精度。

如图 2-17 所示，工件毛坯存在椭圆形圆度误差，车削时毛坯的长半径处有最大余量 a_{p1}，短半径处最小余量 a_{p2}，由于背吃刀量变化，引起切削力变化，使工艺系统变形也产生

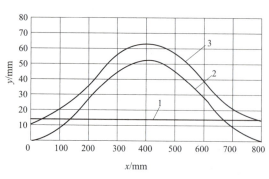

图 2-16 工艺系统变形曲线

1—机床变形;2—工件变形;3—工艺系统变形

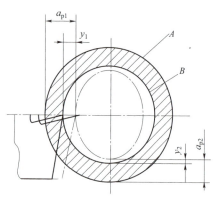

图 2-17 毛坯误差的复映

相应变化。对应于 a_{p1} 系统变形为 y_1,对应于 a_{p2} 系统变形为 y_2,因此加工出零件仍将存在椭圆形圆度误差,这种现象称为误差复映。下面分析工件加工前后误差之间的关系。

切削力可表示为:

$$F_c = \lambda C_{F_c} a_p^{X_{F_c}} f^{Y_{F_c}}$$

式中:λ 为切削分力系数,车削通常为 0.4(其余参数的意义可见《金属切削加工与刀具》教材中)。

在一次走刀中,切削条件和送给量不变,切削力只与背吃刀量 a_p 有关,即

$$\lambda C_{F_c} f^{Y_{F_c}} = A$$

式中:A 为常数,在车削加工中,$X_{F_c} = 1$,因此

$$F_c = A a_p$$

在切削毛坯时,在最大和最小切削深度时产生的工艺系统受力变形为:

$$y_1 = \frac{F_{y_1}}{K_{st}} = \frac{A a_{p1}}{K_{st}}; \quad y_2 = \frac{F_{y_2}}{K_{st}} = \frac{A a_{p2}}{K_{st}}$$

则工件误差

$$\Delta g = y_1 - y_2 = \frac{A}{K_{st}}(a_{p1} - a_{p2})$$

毛坯误差

$$\Delta m = a_{p1} - a_{p2}$$

所以

$$\Delta g = \frac{A}{K_{st}} \Delta m$$

即

$$\varepsilon = \frac{\Delta g}{\Delta m} = \frac{A}{K_{st}} = \frac{\lambda C_{F_c} f^{Y_{F_c}}}{K_{st}}$$

ε 称为误差复映系数,其值为小于 1 的正数,ε 越小,Δg 越小于 Δm。

减小进给量 f 或增大系统刚度 K_{st} 都能使 ε 减小。减小 f 可提高加工精度,但降低了生产

效率。如果设法增大工艺系统的刚度,不但减小 Δg,而且可以在保证加工精度前提下相应增大 f 以提高生产效率。如果采用一次走刀不能消除误差的影响而满足所要求的精度时,可进行多次走刀加工,这样误差在多次复映后,总的复映系数为

$$\varepsilon_z = \varepsilon_1 \varepsilon_2 \cdots \varepsilon_n$$

这样 ε_z 远小于 1,复映误差即可达到要求精度。

2.3.3 其他作用力对加工精度的影响

工艺系统除受切削力作用之外,还会受到夹紧力、惯性力、传动力等的作用,也会使工件产生误差。

(1) 夹紧力产生的加工误差。如图 2-18 所示为用三爪装夹加工薄壁套内孔。夹紧后,工件内孔变形为三棱形(图 2-18(a)),内孔加工后为圆形(图 2-18(b))。但是,松开后弹性恢复,该孔便成为三棱形(图 2-18(c))。为了减小夹紧变形,可以采用如图 2-18(d) 所示的大三爪,以增加接触面积,减小压强,或用开口垫套来加大夹紧力的接触面积。

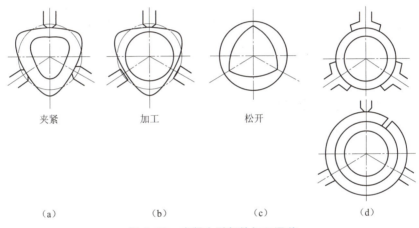

图 2-18 夹紧力引起的加工误差

(2) 惯性力产生的加工误差。如图 2-19 所示,它在加工误差的敏感方向上的分力和切削力方向有时相同,有时相反,从而引起受力变形,使工件产生形状误差。加工后工件呈心脏线形。

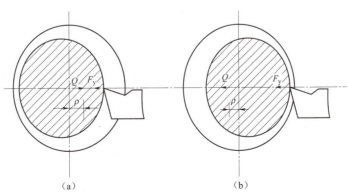

图 2-19 由惯性力引起切削深度的变化

2.3.4 内应力重新分布对加工精度的影响

内应力是指当外部载荷去除后,仍残存在工件内部的应力。内应力是由于热加工和冷加工使金属内部宏观或微观的组织发生了不均匀的体积变化而产生的。

(1) 毛坯制造时产生的内应力。如图 2-20 所示的床身铸件铸造后,由于导轨表面冷却较快,内部冷却较慢,铸件内部产生内应力,内应力的分布是导轨表层呈压应力,内部为拉应力。铸造后内应力处于暂时的平衡状态。若导轨面加工去一层,则破坏了原来的平衡状态,内应力

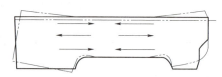

图 2-20 床身内应力导致床身重新分布引起的变形

重新分布发生弯曲变形。为了减小变形,一般在铸件粗加工后进行时效处理,消除内应力后,再进行精加工。

(2) 工件冷校直时产生的内应力。细长的轴类零件,如光杠、丝杠、曲轴等刚性较差的零件,在加工和搬运过程中很容易弯曲。因此大多数在加工过程中安排有冷校直工序,冷校直后工件也会产生内应力。

(3) 工件切削时产生的内应力。在加工过程中,由于受到外力的影响,工件内部可能会出现内应力。

2.3.5 减少工艺系统受力变形的措施

一、提高工艺系统的刚度

(1) 选用合理的零部件结构和断面形状。对于机床的床身、立柱、横梁、夹具的夹具体这些对工艺系统刚度有较大影响的构件,应选用合理的结构,如采用封闭截面,可以大大提高其刚度。合理布置筋板,如用米字形、网形、蜂窝形等。

(2) 提高零部件间的接触刚度。接触刚度与零部件的表面质量有密切的关系,因此要注意接触面的表面粗糙度、形状精度及物理机械性质等。同时应加预紧力使接触面产生预变形,减小间隙。

(3) 尽量减小或消除部件中的薄弱环节以提高整个系统的刚度。

(4) 提高工件的安装刚度。在加工细长轴时,应采用跟刀架或中心架。对于刚性差的工件,适当的增加辅助支承,能有效提高安装刚度。同样一个工件表面,可采用不同的方法进行加工。例如,在卧式铣床上铣一角铁零件的顶面,可采用圆柱铣刀加工,工件的安装如图 2-21 (a) 所示。这种安装方法,刀杆和工件的刚度很差,加工过程中受力变形大。若改用端铣刀加工,工件的安装方法如图 2-21 (b) 所示,用这种方法加工,变形可以减小。

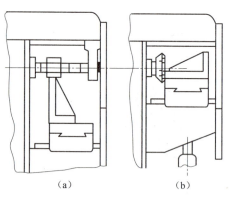

图 2-21 提高工件安装刚度

二、减小作用于工艺系统的外力

（1）**降低切削用量，减小切削力**。在精加工中常用较小的切削深度和较细的进给量。

（2）**选用合理的刀具几何角度和刀具材料，以减小切削力**。如用 $\kappa_r = 90°$ 刀，使 F_y 为零。

2.4 工艺系统受热变形对加工精度的影响

2.4.1 工艺系统的热源

工艺系统热源的分类如下：

1）内部热源

（1）切削热。热切削过程中，消耗于切削层金属的弹性、塑性变形以及刀具与工件、切屑间的摩擦能量，绝大部分转化为切削热。切削热的大小与切削力的大小以及切削速度的高低有关，一般按下式估算

$$Q = F_c v_c$$

（2）摩擦热。机床中各运动副在相对运动时产生的摩擦力转化为摩擦热而形成热源。

2）外部热源

工艺系统的外部热源主要是环境温度与热辐射。

2.4.2 工艺系统热变形对加工精度的影响

（1）机床受热变形产生的加工误差。**机床受内、外热源的影响，各部分的温度将发生变化而引起变形**。图 2-22（b）为立式铣床的热变形情况。由于主轴回转的摩擦热及立柱前、后壁温度不同，热伸长变形不同，使立柱在垂直面内产生弯曲变形而导致主轴在垂直面内倾斜。这样，加工后的工件会出现被加工表面与定位表面间的位置误差，如平行度误差、垂直度误差等。

机床的热变形中对加工精度影响较大的主要是主轴系统和机床导轨两部分的变形。主轴系统的变形表现为主轴的位移与倾斜，影响工件的尺寸精度和几何形状精度，有时也影响位置精度；导轨的变形一般为中凹或中凸，影响工件的形状精度。

（2）工件热变形引起的加工误差。在磨削或铣削薄片状零件时，由于工件单边受热，工

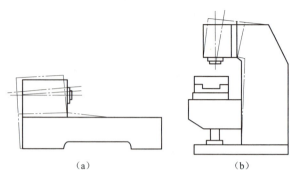

图 2-22 机床的热变形趋势

件两边受热不均匀而产生翘曲。如图 2-23（a）所示为在平面磨床上磨削长度为 L，厚度为 H 的板状零件。上、下表面间形成温度差，上表面温度高，膨胀比下表面大，使工件向上凸起，凸起的地方在加工时被磨去（图 2-23（b）），冷却后工件恢复原状，被磨去的地方出现下凹（图 2-23（c）），产生平面度误差 ΔH，且工件越长，厚度越小，变形及误差越大。

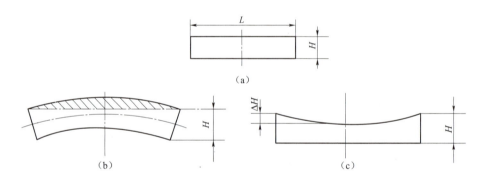

图 2-23 工件单面受热的加工误差

在加工轴类零件的外圆时，切削热传入工件，可以认为在全长及其圆周方向上热量分布较均匀，主要引起工件直径和长度的变化。变形量为：

直径上的热膨胀：

$$\Delta D = \alpha \Delta T_p D$$

长度上的热伸长：

$$\Delta L = \alpha \Delta T_p L$$

式中　D 和 L——工件的直径和长度（mm）；

　　　ΔT_p——工件在加工前后的平均温度差（℃）；

　　　α——工件材料的热膨胀系数（1/℃）。

加工工件的长度大而精度要求又很高时，工件的热变形对于加工精度的影响是很大的。例如磨削长为 3 000 mm 的丝杠，磨削后温度升高 3℃，丝杠的伸长量为：

$$\Delta L = 3\,000 \times 1.17 \times 10^{-5} \times 3 = 0.1 \text{（mm）}$$

而 6 级丝杠的螺距误差在全长上不允许超过 0.02 mm。

（3）刀具热变形引起的加工误差。刀具的热变形主要由切削热引起，因刀具体积小，热容量小，所以刀具的温升可能非常高。刀具的热伸长一般在被加工工件的误差敏感方向上，其变形对加工精度的影响有时是不可忽视的。

在车床上加工长轴，刀具连续工作时间长，随着切削时间的增加，刀具受热伸长，使工件产生圆柱度误差；在立车上加工大端面，刀具热伸长，使工件产生平面度误差。

2.4.3 减小工艺系统热变形的措施

（1）减少热源产生的热量。
① 减小切削热或磨削热　通过控制切削或磨削的用量，合理选用刀具来减小切削热。
② 减少机床各运动副的摩擦热。
（2）分离、隔离热源。
（3）加强冷却。
（4）保持工艺系统的热平衡。
（5）控制环境温度。

2.5 保证和提高加工精度的途径

2.5.1 误差预防技术

（1）合理采用先进工艺与设备。
（2）直接减少原始误差。首先查明影响加工精度的主要原始误差因素，然后将其消除或减少。
（3）转移原始误差。将影响加工精度的原始误差转移到误差的非敏感方向上。
（4）就地加工法。牛头刨床、龙门刨床为了使其工作台面对滑枕、横梁保持平行的位置关系，装配后在自身机床上进行"自刨自"的精加工。车床为了保证三爪卡盘卡爪的装夹面与主轴回转轴线同轴，也常采用"就地加工"的方法，对卡爪的装夹面进行就地车削（对于软爪）或就地磨削（需在溜板箱上装磨头）。
（5）均化原始误差法。例如研磨时，研具的精度并不很高，分布在研具上的磨料粒度大小也可能不一样。但由于研磨时工件和研具间有复杂的相对运动轨迹，使工件上各点均有机会与研具的各点相互接触并受到均匀的微量切削。同时工件和研具相互修整，精度也共同逐步提高，进一步使误差均化，因此可获得精度高于研具原始精度的加工表面。用易位法加工精密分度蜗轮也是均化原始误差的一个例子。
（6）控制加工过程中温升。大型精密丝杠加工中，需要严格控制机床和工件在加工过程中的温度变化，可采取如下措施：
① 母丝杠采用空心结构，通入恒温油使母丝杠保持恒温。

② 采用淋浴的方法使工件保持恒温。

2.5.2 误差补偿技术

(1) 在线自动补偿。在加工中随时测量工件的实际尺寸（形状、位置精度），根据测量结果按一定的模型或算法，实时给刀具以附加的补偿量，从而控制刀具和工件间的相对位置，使工件尺寸的变动范围始终在自动控制之中。

(2) 配对加工。这种方法是将互配件中的一个零件作为基准，去控制另一个零件的加工精度。在加工过程中自动测量工件的实际尺寸，并和基准件的尺寸比较，直至达到规定的差值时机床就自动停止加工。柴油机高压油泵柱塞的自动配磨采用的就是这种形式。

图 2-24 为高压油泵偶件自动配磨装置的示意图。当测孔仪和测轴仪进行测量时，测头

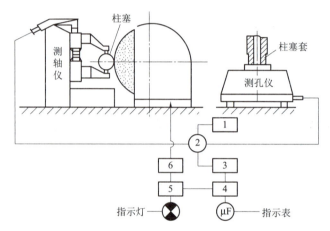

图 2-24　高压油泵偶件自动配磨装置示意图

1—高频振荡发生器；2—电桥；3—三级放大器；4—相敏检波；5—直流放大器；6—执行机构

的机械位移就改变了电容发送器的电容量，孔与轴的尺寸之差转化成电容量变化之差，使电桥 2 输入桥臂的电参数发生变化，在电桥的输出端形成一个输出电压。该电压经过放大和交直流转换以后，控制磨床的动作和指示灯的明灭，最终保证被磨柱塞与被测柱塞套有合适的间隙。

(3) 采用机械方法校正误差。

复习与思考题

1. 举例说明加工精度包含的内容。
2. 什么叫加工误差？产生加工误差的原因有哪些？
3. 分析要获得图 2-1 所示零件的精度要求，可以采用哪些方法？
4. 影响机械加工精度的原始误差因素有哪些？

5. 试分析原始误差与加工误差的关系。
6. 工艺系统的几何精度包括哪些方面，如何影响加工精度？
7. 分析说明切削力对加工精度的影响。
8. 阐述内应力重新分布对加工精度的影响。
9. 举例说明减少工艺系统受力变形的措施。
10. 工艺系统的热源主要有哪些？
11. 阐述工艺系统热变形对加工精度的影响。
12. 结合生产实例，试分析说明减小工艺系统热变形的措施。
13. 举例说明在生产实际中，如何利用误差补偿技术保证和提高加工精度。
14. 根据您所了解的实际生产实例，说明误差预防技术在保证和提高加工技术方面的应用。

教学单元 3
机械加工工艺规程设计基础

3.1 知识引入

如图3-1所示为某企业实际生产的，年产量达350件的传动轴零件图，请编制该零件的工艺，填写工艺文件。

要完成该零件的加工，在车间接受任务后，首先由工艺人员审查零件图、分析零件结构和要求；选择或根据给定的零件材料，确定毛坯以及分析应采用哪些热处理方式、各种表面的加工方法；根据企业工人技术水平、设备和工艺装备状况，选择加工设备、工艺装备和确定零件精度检验手段及相关检测工具；查阅有关技术手册和相关资料，编制加工工艺文件，然后操作工人按照工艺文件的加工顺序及要求，完成零件的加工。可以说工艺文件是指导加工的重要技术文件，所编制的工艺文件是否科学合理，直接影响到零件的加工质量和生产效率。

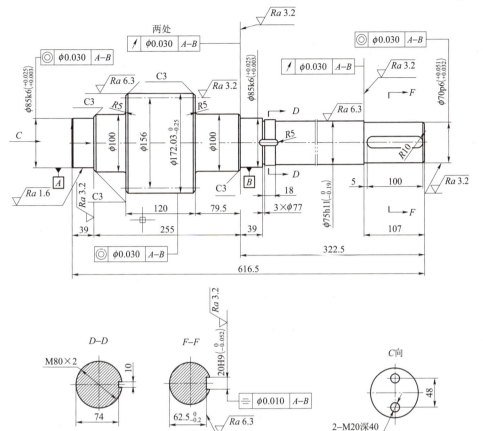

图 3-1　传动轴

3.2　基本概念

一、机器的生产过程和工艺过程

（1）生产过程。所谓生产过程是将原材料变为成品之间各个相互关联的劳动过程，机器的生产过程包含：

① 生产技术准备过程。这个过程主要完成产品投入生产前的各项准备工作，如产品设计、工艺设计、工装设计制造等。

② 毛坯的制造。

③ 零件的各种加工过程。

④ 产品的包装过程。

⑤ 原材料、半成品和工具的供应、运输、保管以及产品的发运等。

（2）机械加工工艺过程。机械加工工艺过程是由很多工序组成的，工序包含若干个安装、工位、工步和走刀。

① 工序。所谓工序，是指一个或一组工人，在一个工作地点，对同一个或同时对几个工件所连续完成的那一部分工艺过程称为工序。划分工序的主要依据是工作地点是否变动和工作是否连续。

② 安装。工件经一次装夹后所完成的那一部分工序称为安装。在一道工序中，工件可能被装夹一次或多次才能完成加工。

③ 工位。为了完成一定的工序部分，一次装夹工件后，工件与夹具或设备的可动部分一起相对刀具或设备的固定部分所占据的每一个位置，称为工位。

④ 工步。在加工表面和加工工具不变的情况下，所连续完成的那一部分工序内容称为工步。划分工步的依据是加工表面和工具是否变化。

⑤ 走刀。在一个工步内，若被加工表面需切去的金属层很厚，可分几次切削，每切削一次为一次走刀。一个工步可以包括一次或数次走刀。

二、生产类型及其工艺特征

（1）生产纲领。生产纲领是指企业在计划内应当生产的产品产量和进度计划。计划期常定为1年，因此生产纲领常称为年产量。

零件生产纲领要计入备品和废品的数量，可按下式计算：

$$N = Qn(1+\alpha)(1+\beta)$$

式中　N——零件的年产量，单位为件/年；

　　　Q——产品的年产量，单位为台/年；

　　　n——每台产品中该零件的数量，单位为件/台；

　　　α——备品的百分率；

　　　β——废品的百分率。

（2）生产类型。生产类型是指企业（或车间、工段、班组、工作地）生产专业化程度的分类，一般分为单件生产、成批生产和大量生产三种类型。

生产类型和生产纲领的关系见表3-1。

表3-1　生产类型和生产纲领的关系

生产类型		生产纲领/(台·年$^{-1}$或件·年$^{-1}$)		
		重型零件（30 kg以上）	中型零件（4～30 kg）	轻型零件（4 kg以下）
单件生产		≤5	≤10	≤100
成批生产	小批量生产	5～100	10～150	100～500
	中批量生产	100～300	150～500	500～5 000
	大批量生产	300～1 000	500～5 000	5 000～50 000
大量生产		>1 000	>5 000	>50 000

（3）各种生产类型的工艺特征。生产类型不同，产品和零件的制造工艺、所用设备及工艺装备、采取的技术措施、达到的技术经济效果等也不同。各种生产类型的工艺特征如表3-2所示。

表 3-2　各种生产类型的工艺特征

生产类型 工艺特征	单件小批量生产	中批量生产	大批量生产
加工对象	经常变换	周期性变换	固定不变
零件的互换性	无互换性，钳工修配	普遍采用互换或选配	完全互换或分组互换
毛坯	木模手工造型或自由锻，毛坯精度低，加工余量大	金属模造型或模锻毛坯，精度中等，加工余量中等	金属模机器造型、模锻或其他高生产率毛坯制造方法，毛坯精度高，加工余量小
机床及布局	通用机床按"机群式"排列	通用机床和专用机床按工件类别分工段排列	广泛采用专用机床及自动机床，按流水线排列
工件的安装方法	划线找正	广泛采用夹具，部分划线找正	夹具
获得尺寸方法	试切法	调整法	调整法或自动加工
刀具和量具	通用刀具和量具	通用和专用刀具、量具	高效率专用刀具、量具
工人技术要求	高	中	低
生产率	低	中	高
成本	高	中	低
夹具	极少采用专用夹具和特种工具	广泛使用专用夹具和特种工具	广泛使用高效率的专用夹具和特种工具
工艺规程	机械加工工艺过程卡	较详细的工艺规程，对重要零件有详细的工艺规程	详细编制工艺规程和各种工艺文件

三、工艺文件

将工艺文件的内容，填入一定格式的卡片，即成为生产准备和施工依据的工艺文件。常用的工艺文件的格式有下列几种：

（1）机械加工工艺过程卡片。机械加工工艺过程卡片以工序为单位，简要地列出整个零件加工所经过的工艺路线（包括毛坯制造、机械加工和热处理等）。它是制订其他工艺文件的基础，也是生产准备、编排作业计划和组织生产的依据。在这种卡片中，由于各工序的说明不够具体，故一般不直接指导工人操作，而多作为生产管理方面使用。但在单件小批量生产中，由于通常不编制其他较详细的工艺文件，而就以这种卡片指导生产。机械加工工艺过程卡片见表3-3。

(2) 机械加工工艺卡片。机械加工工艺卡片是以工序为单位，详细地说明整个工艺过程的一种工艺文件。它是用来指导工人生产和帮助车间管理人员和技术人员掌握整个零件加工过程的一种主要技术文件，广泛用于成批生产的零件和重要零件的小批量生产中。机械加工工艺卡片内容包括零件的材料、质量、毛坯种类、工序号、工序名称、工序内容、工艺参数、操作要求以及采用的设备和工艺装备等。机械加工工艺卡片格式见表3-4。

(3) 机械加工工序卡片。机械加工工序卡片是根据机械加工工艺卡片为一道工序制订的。它更详细地说明整个零件各个工序的要求，是用来具体指导工人操作的工艺文件。在这种卡片上要画工序简图（后面有详细说明），说明该工序每一工步的内容、工艺参数、操作要求以及所用的设备及工艺装备。一般用于大批量生产的零件。机械加工工序卡片格式见表3-5。

四、编制工艺规程的原则及方法

(1) 编制工艺规程的原则。

① 制订工艺规程的原则。保证产品质量，提高生产效率，降低成本。

② 注意的问题。技术上先进，经济效益高，劳动环境良好。

(2) 编制工艺规程的原始资料。在编制工艺规程时，首先要收集以下原始资料。

① 产品的装配图和零件图；

② 质量验收标准；

③ 生产纲领；

④ 毛坯资料；

⑤ 本厂的生产技术条件；

⑥ 有关的各种技术资料。

五、编制工艺规程的步骤

(1) 分析零件技术要求及加工精度；

(2) 选择毛坯的制造方法；

(3) 拟订工艺路线，选择定位基准；

(4) 确定各工序尺寸及公差；

(5) 确定各工序的工艺装备；

(6) 确定各工序的切削用量和工时定额；

(7) 确定各工序的技术要求和检验方法；

(8) 填写工艺文件。

表 3-3 机械加工工艺过程卡片

机械加工工艺过程卡片		产品型号				零件图号			共 页 第 页	
		产品名称				零件名称				
材料牌号		毛坯种类		毛坯外形尺寸		每毛坯可制件数		每台件数	备注	
工序号	工序名称	工序内容			车间	工段	设备	工艺装备	工时	
									准终	单件
					设计(日期)	审核(日期)	标准化(日期)	会签(日期)		
标记	处数	更改文件号	签字	日期						

描图

审核

底图号

装订号

表3-4 机械加工工艺卡片

工 厂		机械加工工艺卡片		产品型号		零(部)件图号			共 页
				产品名称		零(部)件名称			第 页
材料牌号		毛坯种类		毛坯外形尺寸		每毛坯件数		每台件数	备注
工序	装夹	工步	工序内容	同时加工零件数	切削用量			工艺装备名称及编号	技术等级	工时定额	
					背吃刀量/mm	切削速度/(m·min⁻¹)	进给量/(mm·r⁻¹)	设备名称编号	夹具	刀具	量具		单件	准终
								编制(日期)	审核(日期)		会签(日期)			
标记	处数	更改文件号	签字	日期										

表3-5 机械加工工序卡片

	机械加工工序卡片		产品型号			零件图号		共　页
			产品名称			零件名称		第　页
工厂				车间	工序号	工序名称	材料牌号	
				毛坯种类	毛坯外形尺寸	每件毛坯可制件数	每台件数	
				设备名称	设备型号	设备编号	同时加工件数	
				夹具编号		夹具名称	切削液	
				工位器具编号		工位器具名称	工序工时	
							准终	单件
工步号	工步内容	工艺装备	主轴转速/ (r·min⁻¹)	切削速度/ (m·min⁻¹)	进给量/ (mm·r⁻¹)	背吃刀量/ mm	进给次数	工步工时
								准终	单件
				编制（日期）	审核（日期）	标准化（日期）	会签（日期）	
标记	处数	更改文件号	签字	日期				
描图								
描校								
底图号								
装订号								

3.3 零件图样的工艺分析

主要分析零件的技术要求、零件的组成表面和零件的结构工艺性。在制订机械加工工艺规程前，先要进行零件结构工艺性分析。

一、零件结构工艺性的概念

零件结构工艺性是指所设计的零件在能满足使用要求的前提下制造的可行性和经济性。它包括零件在各个制造过程中的工艺性，有零件结构的铸造、锻造、冲压、焊接、热处理、切削加工等工艺性。由此可见，零件结构工艺性涉及面很广，具有综合性，必须全面综合地分析。在制订机械加工工艺规程时，主要进行零件切削加工工艺性分析。

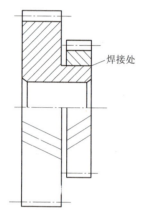

图 3-2 双联斜齿轮的结构

在不同的生产类型和生产条件下，同样结构的制造可行性和经济性可能不同。例如图 3-2 所示双联斜齿轮，两齿圈之间的轴向距离很小，因而小齿圈不能用滚齿加工，只能用插齿加工；又因插斜齿需专用螺旋导轨，因而它的结构工艺性不好。若能采用电子束焊，先分别滚切两个齿圈，再将它们焊成一体，这样的制造工艺就较好，且能缩短齿轮间的轴向尺寸。由此可见，结构工艺性要根据具体的生产类型和生产条件来分析，它具有相对性。从上述分析也可知，只有熟悉制造工艺、有一定实际知识并且掌握工艺理论，才能分析零件结构工艺性。

零件结构工艺性的分析，可从零件尺寸和公差的标注、零件的组成要素和零件的整体结构三方面来阐述。

二、零件的工艺性分析

（1）审查各项技术要求。分析产品图纸，熟悉该产品的用途、性能及工作状态，明确被加工零件在产品中的位置和作用，进而了解图纸上各项技术要求制订的依据，以便在拟定工艺规程时采取适当的工艺措施。

例： 审查图 3-3 所示零件图纸的完整性、技术要求的合理性以及材料选择是否合理，并提出改进意见。

如图 3-3（a）所示的汽车板弹簧和弹簧吊耳内侧面的表面粗糙度，可由原设计的 $Ra3.2\ \mu m$ 改为 $Ra25\ \mu m$，这样就可在铣削加工时增大进给量，以提高生产率。又如图 3-3（b）所示的方头销零件，其方头部分要求淬硬到 55～60 HRC，其销轴 $\phi8^{+0.010}_{+0.001}$ mm 上有个 $\phi2^{+0.01}_{0}$ mm 的小孔，在装配时配做，材料为 T8A，小孔 $\phi2^{+0.01}_{0}$ mm 因是配做，不能预先加工好，淬火时因零件太小势必全部被淬硬，造成 $\phi2^{+0.01}_{0}$ mm 孔很难加工。若将材料改为 20Cr，可局部渗碳，在小孔处镀铜保护，则零件加工就容易得多。

（2）审查零件结构工艺性。所谓良好的工艺性，是指在保证产品使用要求前提下，零件

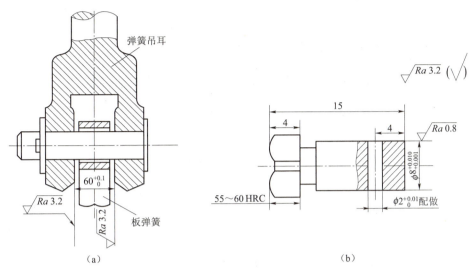

图 3-3　零件加工要求和零件材料选择不当的示例

加工时常采用生产率高、劳动量少、节省材料和生产成本低的方法制造出来。图 3-4 所示是零件局部结构工艺性的示例，每个示例右边为合理的正确结构。

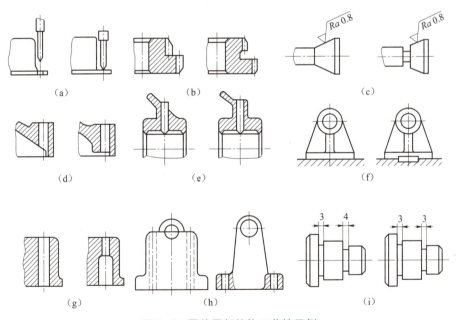

图 3-4　零件局部结构工艺性示例

（3）结构设计时应注意的几项原则。① 尽可能采用标准化参数，有利于采用标准刀具和量具；② 要保证加工的可能性和方便性，加工面应有利于刀具的进入和退出；③ 加工表面形状应尽量简单，便于加工，并尽可能布置在同一表面或同一轴线上，以减少工件装夹、刀具调整及走刀次数；④ 零件结构应便于工件装夹，并有利于增强工件或刀具的刚度；⑤ 应尽可能减轻零件质量，减少加工表面面积，并尽量减少内表面加工；⑥ 零件的结构应与先进的加工工艺方法相适应。

3.4 毛坯的选择及热处理

在制订零件机械加工工艺规程前,还要选择毛坯类型及制造方法并确定毛坯精度。零件机械加工的工序数量、材料消耗和劳动量,在很大程度上与毛坯有关,所以正确选择毛坯具有重大的技术经济意义。

3.4.1 毛坯的选择

一、常用毛坯种类

（1）铸件。主要有砂型铸造、金属型铸造、离心铸造、压力铸造和精密铸造等。
（2）锻件。主要有自由锻、模锻以及精密锻造等。
（3）焊接件。主要有气焊、电弧焊以及电渣焊等。
（4）型材。主要有圆钢、方钢、角钢等。

二、毛坯选择时考虑的因素

（1）零件材料及其力学性能。例如,材料是铸铁,就选铸造毛坯;材料是钢材,力学性能要求高时,可选锻件,当力学性能低时,可选型材或铸钢。
（2）零件的形状和尺寸。形状复杂的毛坯,常采用铸造方法。薄壁件不可用砂型铸造,大铸件应用砂型铸造。常见钢质阶梯轴零件,如各台阶直径相差不大,可用棒料;如各台阶直径相差较大,可选锻件。尺寸大宜选自由锻,尺寸小宜选模锻。
（3）生产类型。大批量生产,应选精度和生产率都比较高的毛坯制造方法,如铸件选金属模机器造型或精密铸造,锻件应采用模锻、冷轧和冷拉型材等;单件小批量生产则应采用木模手工造型或自由锻。
（4）具体生产条件。考虑现场毛坯制造的水平和能力以及外协的可能性等。
（5）利用新工艺、新技术和新材料的可能性。如精铸、精锻、冷挤压、粉末冶金和工程塑料等,应用这些方法后,可大大减少机械加工量,有时甚至可不再进行机械加工。

3.4.2 热处理方式及其工序安排

一、钢的热处理

钢的热处理是指将钢在固态下采用适当的方式进行加热、保温和冷却以获得所需要的组织结构与性能的工艺方法。热处理方法虽然很多,但任何一种热处理工艺过程都可在温度-时间坐标系中用曲线图形来表示,如图3-5所示。此曲线称为热处理工艺曲线。

通过热处理,可以显著提高钢的力学性能,充分挖掘钢材的强度潜力,改善零件的使用性能,提高产品质量,延长使用寿命。此外,热处理还可改善毛坯件的工艺性能,为后续工序做好组织准备,以利于各种冷、热加工。据统计,现代机床工业中有60%～70%的零件要进行热处理，而在刀具、量具、模具等的制造中，则100%的零件需进行热处理。因此，热处理在机械制造业中占有十分重要的地位。

根据加热和冷却方法不同，常用的热处理方法大致分类如下：

<u>热处理分成两大类即普通热处理和表面热处理</u>。其中普通热处理包括退火、正火、淬火、回火四种方法；表面热处理又分成表面淬火（感应加热、火焰加热、激光加热）和化学热处理（渗碳、渗氮、碳氮共渗和其他）。

<u>机械零件对性能的要求，主要取决于它的工作条件。</u>

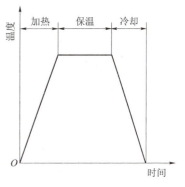

图 3-5　热处理工艺曲线

例如，在受冲击载荷及表面摩擦条件下工作的凸轮轴、活塞销、曲轴和齿轮等零件，表面要求高的硬度和耐磨性，而心部要有足够的塑性和韧性。这种表里性能要求不一致的零件，采用普通热处理的方法是难以实现的。解决的办法是进行表面热处理，即钢的表面淬火和钢的化学热处理。

二、机械加工中热处理工序位置的安排

机械零件的材料及毛坯类别选定之后，欲使零件实现所要求的力学性能，则主要靠热处理工艺来保证。因此必须根据热处理目的和工序作用，合理安排热处理工序在加工工艺路线中的位置。

（1）<u>预备热处理的工序位置</u>。预备热处理包括退火、正火、调质等。<u>其工序位置一般紧接毛坯生产之后、切削之前，或粗加工之后、精加工之前。</u>

① 退火和正火的工序位置。退火和正火通常作为预备热处理工序，一般安排在毛坯生产之后、切削加工之前。对于精密零件，为了消除切削加工残余应力，在切削加工工序之间还应安排去应力退火。工艺路线安排为：

毛坯生产（铸、锻、焊、冲压等）—退火或正火—机械加工

② 调质的工序位置。这种热处理既可作为最终处理，又可为以后表面淬火或易变形零件的整体淬火做好组织准备。调质工序一般安排在粗加工之后、精加工或半精加工之前，一般的工艺路线应为：

下料—锻造—正火（退火）—机械粗加工（留余量）—调质—机械精加工

（2）<u>最终热处理的工序位置</u>。最终热处理包括各种淬火、回火及化学热处理等。零件经这类热处理后硬度较高，除磨削外，不适宜其他切削加工。<u>故其工序位置应尽量靠后，一般均安排在半精加工之后、磨削之前。</u>

整体淬火与表面淬火的工序位置安排基本相同。淬火件的变形及氧化、脱碳应在磨削中予以去除，故需预留磨削余量（例如直径 200 mm 以下、长度 1 000 mm 以下的淬火件，磨削余量一般为 0.35～0.75 mm）。对于表面淬火件，为了提高其心部力学性能及获得细晶马氏体组织的表层淬火组织，常需先进行正火或调质处理。因表面淬火件的变形较小，其磨削余量也应比整体淬火件小。

整体淬火件的加工路线一般为：

下料—锻造—退火（正火）—机械粗（半精）加工—淬火—回火（低温、中温）—

磨削

感应加热表面淬火件加工路线一般为：

下料—锻造—正火（退火）—机械粗加工—调质—机械半精加工（留磨量）—感应加热表面淬火、回火—磨削

不经调质的感应加热表面淬火件，锻造后的预先热处理须用正火。如正火后硬度偏高，切削加工性不好，可在正火后再高温回火。适当地调整工序顺序，可以减少零件变形与开裂。例如图3-6是用45钢制造的锁紧螺母，要求槽口硬度35~40 HRC。若在槽口和内螺纹全部加工后再整体淬火和回火，槽口硬度虽可达到要求，但内螺纹变形大，不能保证精度；若热处理后再切削加工，则硬度较高，切削加工性差。如将热处理方法及加工顺序变为：

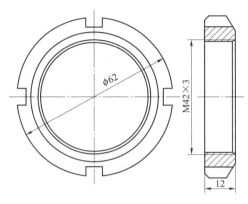

图3-6 锁紧螺母

调质—加工槽口—槽口高频淬火—加工内螺纹，则既可达到技术要求又可减少零件变形。

（3）渗碳的工序位置。渗碳分整体渗碳和局部渗碳两种。当渗碳零件局部不允许有高硬度时，应在设计图纸上予以注明，该部位可镀铜以防止渗碳或采取多留余量的方法，待零件渗碳后、淬火前再去掉该处渗碳层（去渗碳层切削加工）。渗碳件的工艺路线一般为：

下料—锻造—正火—机械粗、半精加工（留磨量，局部不渗碳者还须留防渗余量）—渗碳—淬火、低温回火—机械精加工（磨）

或　　下料—锻造—正火—机械粗、半精加工（留磨量，局部不渗碳者还须留防渗余量）—渗碳—去渗碳层切削加工—淬火、低温回火—机械精加工（磨）

（4）氮化的工序位置。氮化的温度低、变形小、氮化层硬而薄，因而其工序位置应尽量靠后，一般氮化后只须研磨或精磨。为防止因切削加工产生的残余应力引起氮化件变形，在氮化前常进行去应力退火；又因氮化层薄而脆，心部必须有较高的强度才能承受载荷，故一般应先进行调质。氮化零件（38CrMoAl）的加工路线一般为：

下料—锻造—退火—机械粗加工—调质—机械精加工—去应力退火（通常称为高温回火）—粗磨—氮化—精磨或研磨

3.5 定位基准的确定

3.5.1 基准的概念及其分类

所谓基准，就是用来确定零件上其他点、线、面之间几何关系的这些点、线、面。基准的分类如下：

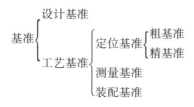

一、设计基准

设计基准是零件图样上的基准，是设计人员根据零件功能的需要而选定的用来确定其他点、线、面位置的基准。零件图样上的设计基准不止一个，有时有多个。如图3-7台阶轴三尺寸设计基准，又如图3-8主轴箱箱体设计基准。

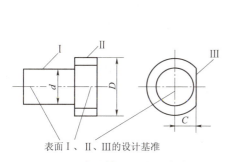

图3-7 台阶轴三尺寸设计基准

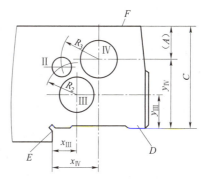

图3-8 主轴箱箱体设计基准

二、工艺基准

工艺基准是指零件在加工、检验和装配时使用的基准，它包括定位基准、测量基准和装配基准。

定位基准：零件在加工中用作定位的基准，比如最简单的轴零件，在车削外圆时，我们可以先在卡盘上夹持工件一端，车削另一端端面或外圆，这时工件的定位基准是工件的轴线。加工中每个工序中也有一个基准，这是工序基准。工序基准是工序图上的基准，它是在工序图上用来确定本工序所加工表面加工后的尺寸、形状和位置的基准。图3-9为平面Ⅲ的加工工序简图。定位基准分为粗定位基准和精定位基准。

测量基准：测量零件时所使用的基准。图3-10为平面Ⅲ的检验图。

41

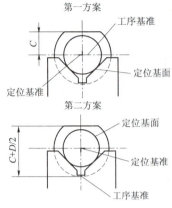

图 3-9 平面Ⅲ的加工工序简图

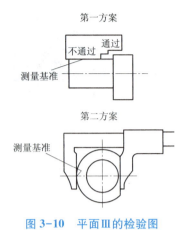

图 3-10 平面Ⅲ的检验图

装配基准：装配时用来确定零件或部件在产品中的相对位置的基准。

3.5.2 定位基准的选择

一、精定位基准的选择

精定位基准是以已加工表面作为定位基准。选择精定位基准的原则是：保证产品质量、夹具结构简单、装夹工件方便。为了满足这些要求，一般应遵循以下原则：

（1）基准重合原则。所谓基准重合，是指以设计基准作为定位基准。基准重合可以消除基准不重合而引起的误差。

（2）基准统一原则。所谓基准统一原则，是指用同一基准加工尽量多的表面。基准统一保证了加工表面外的相互位置、简化了夹具结构。多次采用的同一基准也称为辅助基准。比如轴零件的中心孔，活塞零件的止口、中心孔。

（3）互为基准原则。所谓互为基准，是指加工时，前后工序之间相互作为基准。互为基准可以保证加工面之间的位置精度和尺寸精度。比如齿轮内孔和齿面的磨削加工。

（4）自为基准原则。所谓自为基准，是指加工某表面时，以该表面作为基准，通过找正的方式来达到定位要求。比如磨床导轨面的磨削加工，无心磨削法磨小轴零件。

请学员自己分析图 3-11 至图 3-14 的基准选择情况，并说明这样做的理由。

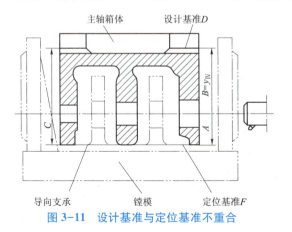

图 3-11 设计基准与定位基准不重合

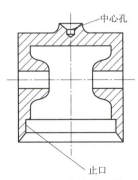

图 3-12 活塞的辅助基准

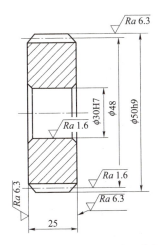

图 3-13　盘形齿轮互为基准的加工

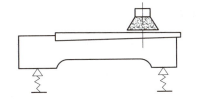 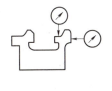

图 3-14　床身导轨面的磨削加工

二、粗基准的选择

选择粗基准，一般应遵循以下原则：

（1）选择不加工表面作为粗基准。比如图 3-15 所示套筒零件选 A 表面。

（2）选择加工余量小而重要的表面作粗基准。比如选台阶轴余量小的一端，机床的床身导轨面作粗基准。

（3）选择平整且定位可靠的面作为粗基准。

（4）粗基准只能使用一次。因为毛坯表面粗糙且精度低，重复使用会产生较大定位误差。

请学员自己分析图 3-15 至图 3-18 的基准选择情况，并说明这样做的理由。

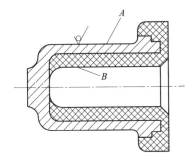

图 3-15　套筒零件选 A 表面

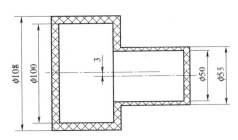

图 3-16　选台阶轴余量小的一端

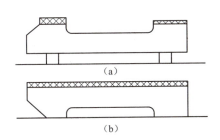

图 3-17　机床的床身导轨面作粗基准

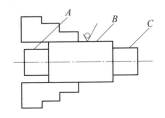

图 3-18　重复使用粗基准 AC 加工面产生同轴度误差

3.6 加工方案和加工顺序的确定

3.6.1 加工方案的确定

确定加工方法时,一般先根据表面的加工精度和表面粗糙度要求,选定最终加工方法,然后再确定从毛坯表面到最终成形表面的加工路线,即确定加工方案。由于获得同一精度和同一粗糙度的方案有好几种,在具体选择时,还应考虑工件的结构形状和尺寸、工件材料的性质、生产类型、生产率、经济性和生产条件等。

1) 根据加工经济精度和表面粗糙度确定加工方案

任何一个表面加工中,影响选择加工方法的因素很多,每种加工方法在不同的工作条件下所能达到的精度和经济效果均不同,也就是说所有的加工方法能够获得的加工精度和表面粗糙度均有一个较大的范围。例如,选择较低的切削用量,精细地操作,就能达到较高精度,但是这样会降低生产率,增加成本。反之,如增大切削用量,提高生产率,成本能够降低,但精度也降低了。所以在确定加工方法时,应根据工件的每个加工表面的技术要求来选择与经济精度相适应的加工方案,而这一经济精度指的是在正常加工条件下(采用符合质量标准的设备、工艺装备和标准技术等级的工人,合理的加工时间)所能达到的加工精度,相应的表面粗糙度称为经济表面粗糙度。由统计资料表明,各种加工方法的加工误差和加工成本之间的关系呈负指数函数曲线形状,如图3-19所示。图中横坐标是加工误差 Δ,纵坐标是成本 Q。在 A 点左侧,精度不易提高,且有一极限值($\Delta_{极}$);在 B 点右侧,成本不易降低,也有一极限值($Q_{极}$)。曲线 AB 的精度区间属经济精度范围。

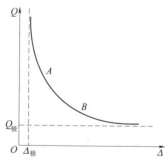

图3-19 加工误差(或加工精度)和成本的关系

表3-6至表3-8分别摘录了外圆、平面和孔的加工方法、加工方案及其经济精度和经济表面粗糙度,供选用时参考。

表3-6 外圆柱面加工方案

序号	加 工 方 法	经济精度 (以公差等级表示)	经济表面粗糙度 $Ra/\mu m$	适用范围
1	粗车	IT11～IT13	12.5～50	适用于淬火钢以外的各种金属
2	粗车—半精车	IT8～IT10	3.2～6.3	
3	粗车—半精车—精车	IT7～IT8	0.8～1.6	
4	粗车—半精车—精车—滚压(或抛光)	IT7～IT8	0.025～0.2	

续表

序号	加工方法	经济精度（以公差等级表示）	经济表面粗糙度 $Ra/\mu m$	适用范围
5	粗车—半精车—磨削	IT7～IT8	0.4～0.8	主要用于淬火钢，也可用于未淬火钢，但不宜加工有色金属
6	粗车—半精车—粗磨—精磨	IT6～IT7	0.1～0.4	
7	粗车—半精车—粗磨—精磨—超精加工（或轮式超精磨）	IT5	0.012～0.1（或 Ra 0.1）	
8	粗车—半精车—精车—精细车（金刚车）	IT6～IT7	0.025～0.4	主要用于精度要求较高的有色金属加工
9	粗车—半精车—粗磨—精磨—超精磨（或镜面磨）	IT5 以上	0.006～0.025（或 Ra 0.05）	极高精度的外圆加工
10	粗车—半精车—粗磨—精磨—研磨	IT5 以上	0.006～0.1（或 Ra 0.05）	

表 3-7　孔加工方案

序号	加工方法	经济精度（以公差等级表示）	经济表面粗糙度 $Ra/\mu m$	适用范围
1	钻	IT11～IT13	12.5	加工未淬火钢及铸铁的实心毛坯，也可用于加工有色金属。孔径小于 15～20 mm
2	钻—铰	IT8～IT10	1.6～6.3	
3	钻—粗铰—粗铰	IT7～IT8	0.8～1.6	
4	钻—扩	IT10～IT11	6.3～12.5	加工未淬火钢及铸铁的实心毛坯，也可用于加工有色金属。孔径大于 15～20 mm
5	钻—扩—铰	IT8～IT9	1.6～3.2	
6	钻—扩—粗铰—精铰	IT7	0.8～1.6	
7	钻—扩—机铰—手铰	IT6～IT7	0.2～0.4	
8	钻—扩—拉	IT7～IT9	0.1～0.6	大批大量生产（精度由拉刀的精度而定）
9	粗镗（或扩孔）	IT11～IT13	6.3～12.5	除淬火钢外的各种材料，毛坯有铸出孔或锻出孔
10	粗镗（粗扩）—半精镗（精扩）	IT9～IT10	1.6～3.2	
11	粗镗（粗扩）—半精镗（精扩）—精镗（铰）	IT7～IT8	0.8～1.6	
12	粗镗（粗扩）—半精镗（精扩）—精镗—浮动镗刀精镗	IT6～IT7	0.4～0.8	

续表

序号	加工方法	经济精度（以公差等级表示）	经济表面粗糙度 Ra/μm	适用范围
13	粗镗（扩）—半精镗—磨孔	IT7～IT8	0.2～0.8	主要用于淬火钢，也可用于未淬火钢，但不宜于有色金属
14	粗镗（扩）—半精镗—粗磨—精磨	IT6～IT7	0.1～0.2	
15	粗镗—半精镗—精镗—精细镗（金刚镗）	IT6～IT7	0.05～0.4	主要用于精度要求高的有色金属加工
16	钻—（扩）—粗铰—精铰—珩磨；钻—（扩）—拉—珩磨；粗镗—半精镗—精镗—珩磨	IT6～IT7	0.025～0.2	精度要求很高的孔
17	以研磨代替上述方法中的珩磨	IT5～IT6	0.006～0.1	

表 3-8　平面加工方案

序号	加工方法	经济精度（公差等级表示）	经济粗糙度 Ra/μm	适用范围
1	粗车	IT11～13	12.5～50	端面
2	粗车-半精车	IT8～10	3.2～6.3	
3	粗车-半精车-精车	IT7～8	0.8～1.6	
4	粗车-半精车-磨削	IT6～8	0.2～0.8	
5	粗刨（或粗铣）	IT11～13	6.3～25	一般不淬硬平面（端铣表面粗糙度 Ra 值较小）
6	粗刨（或粗铣）-粗刨（或精铣）	IT8～10	1.6～6.3	
7	粗刨（或粗铣）-精刨（或精铣）-刮研	IT6～7	0.1～0.8	精度要求较高的不淬硬平面，批量较大时宜采用宽刃精刨方案
8	以宽刃精刨代替 7 中的刮研	IT7	0.2～0.8	
9	粗刨（或粗铣）-精刨（或精铣）-磨削	IT7	0.2～0.8	粗度要求高的淬硬平面或不淬硬平面
10	粗刨（或粗铣）-粗刨（或精铣）-粗磨-精磨	IT6～7	0.025～0.4	

续表

序号	加工方法	经济精度（公差等级表示）	经济粗糙度 $Ra/\mu m$	适用范围
11	粗铣-拉	IT7～9	0.2～0.8	大量生产，较小的平面（粗度视拉刀精度而定）
12	粗铣-粗铣-磨削-研磨	IT5 以上	0.006～0.1（或 Ra0.05）	高精度平面

根据经济精度和经济表面粗糙度的要求，采用相应的加工方法和加工方案，以提高生产率，取得较好的经济性。例如，加工除淬火钢以外的各种金属材料的外圆柱表面，当精度在 IT11～IT13、表面粗糙度值 Ra 在 12.5～50 μm 时，采用粗车的方法即可；当精度在 IT7～IT8、表面粗糙度值 Ra 在 0.8～1.6 μm 时，可采用粗车—半精车—精车的加工方案，这时，如采用磨削加工方法，由于其加工成本太高，一般来说是不经济的。反之，在加工精度为 IT6 级的外圆柱表面时，需在车削的基础上进行磨削，如不用磨削，只采用车削，由于需仔细刃磨刀具、精细调整机床及采用较小的进给量等，加工时间较长，也是不经济的。

2）根据工件的结构形状和尺寸确定加工方案

工件的形状和尺寸影响加工方法的选择。如小孔一般采用钻、扩和铰的方法；大孔常采用镗削的加工方法；箱体上的孔一般难以拉削或磨削而采用镗削或铰削；对于非圆的通孔，应优先考虑用拉削或批量较小时用插削加工；对于难磨削的小孔，则可采用研磨加工。

3）根据工件材料的性质确定加工方案

经淬火后的表面，一般应采用磨削加工；材料未淬硬的精密零件的配合表面，可采用刮研加工；对硬度低而韧性较大金属，如铜、铝、镁铝合金等非铁合金，为避免磨削时砂轮的嵌塞，一般不采用磨削加工，而采用高速精车、精镗及精铣等加工方法。

4）根据生产类型确定加工方案

所选用的加工方法要与生产类型相适应。大批量生产应选用生产率高和质量稳定的加工方法，例如，平面和孔可采用拉削加工。单件小批量生产则应选择设备和工艺装备易于调整、准备工作量小，工人便于操作的加工方法。例如，平面采用刨削或铣削，孔采用钻、扩、铰或镗的加工方法。又如，为保证质量可靠和稳定，保证有高的成品率，在大批量生产中采用珩磨和超精磨加工精密零件，也常常降级使用一些高精度的加工方法加工一些精度要求并不太高的表面。

5）根据生产率和经济性确定加工方案

对于较大的平面，铣削加工生产率较高；窄长的工件宜用刨削加工；对于大量生产的低精度孔系，宜采用多轴钻；对批量较大的曲面加工，可采用机械靠模加工、数控加工和特种加工等加工方法。

6）根据生产条件确定加工方案

选择加工方法，不能脱离本厂实际，充分利用现有设备和工艺手段，发挥技术人员的创造性，挖掘企业潜力，重视新技术和新工艺的推广应用，不断提高工艺水平。

3.6.2 加工顺序的确定

一、加工阶段的划分

（一）划分加工阶段的目的

（1）保证加工质量。在粗加工时，由于夹紧力大、切削力大及切削热大，容易引起变形。划分加工阶段可以消除粗加工引起的变形。

（2）合理使用设备。粗加工设备要求功率大、刚性好，适合大切削用量，但精度低，不适合加工精度高的零件；精加工设备功率小、刚性较好，但精度高，适合加工精度高的零件。

（3）及时发现毛坯缺陷。在粗加工时发现毛坯的缺陷，可以及时修补或报废，以免后续加工浪费工时和加工费。

（4）便于安排热处理工序及其他辅助工序。

（二）划分方法

加工阶段一般分为三个：粗加工阶段、半精加工阶段和精加工阶段；但是零件精度在IT6以上以及表面粗糙度小于$Ra0.4$时还需精整加工。试结合图3-1所示零件，分析外圆加工可以划分为几个阶段。

（1）粗加工阶段。主要目的是尽快去除大部分加工余量，同时为后面的加工提供较精确的基准和保证后续加工余量的均匀，所以这个阶段的特点是吃刀深、进给量大、转速慢。

（2）半精加工阶段。为精加工阶段作准备，保证精加工时的加工余量，完成次要表面的加工，如钻孔、攻丝、铣方、铣扁方及平面等。这一阶段要达到一定的精度及表面粗糙度，所以切削用量较小，转速较高。

（3）精加工阶段。主要目的是保证加工精度及表面粗糙度，所以切削用量更小，转速更高。

二、工序的划分与衔接

（一）工序划分的原则

根据工序数目（或工序内容）多少，工序的划分有下列两种不同的原则：

（1）工序集中的原则。工序集中就是将工件的加工集中在少数几道工序内完成，每道工序的加工内容较多。工序集中有利于采用数控机床、高效专用设备及工装进行加工。用数控机床加工，一次装夹可加工较多表面，易于保证各表面间的相互位置精度；工件装夹次数少，还可以减少工序间的运输量、机床数量、操作工人数和生产面积。但数控机床、专用设备及工装投资大，调整和维修复杂，因此对于精度要求不高的工件，还是应在普通机床上进行加工。

（2）工序分散的原则。工序分散就是将工件的加工分散在较多的工序内进行，每道工序的加工内容很少。工序分散使用的设备及工艺装备比较简单，调整和维修方便，操作简单，转产容易，可采用合理的切削用量，减少基本时间。工序分散的缺点是设备及操作工人多，占地面积大。

（二）工序间的衔接

当加工工序中穿插有数控机床加工时，首先要弄清数控加工工序与普通加工工序各自的技术要求、加工目的及加工特点，注意解决好数控加工工序与其他工序衔接的问题。较好的解决办法是建立工序间的相互状态要求。例如，留不留加工余量、留多少，定位面与孔的精度及几何公差是否满足要求，对校形工序的技术要求，对毛坯的热处理状态等，都需要前后兼顾，统筹衔接。这样才能使各工序的质量目标和技术要求明确，交接验收有依据。

三、工序顺序的安排

（一）机加工顺序的安排应遵循的原则

（1）基准先行。先加工精基准，再以精基准定位粗、精加工其他表面，轴类零件要先加工中心孔。

（2）先粗后精。先粗加工后精加工。各表面都应按照粗加工→半精加工→精加工→光整加工的顺序依次进行，以便循序渐进地提高加工精度和降低表面粗糙度。

（3）先主后次。先加工主要表面后加工次要表面。对于轴类零件来说，外圆表面是主要加工表面，而其他表面，如螺孔、销孔等，是次要表面，应以主要表面作基准进行加工，所以一般安排在半精加工之后；而键槽应放在精加工之后进行，因如放在半精加工之后，在精加工时会车断续表面，这样会加速刀具磨损及产生震动，同时也不能保证键槽的对称度（这是由于放在半精加工之后，键槽是与半精加工后的轴线保持对称度，在精加工之后，精加工后的轴线不可能与半精加工后的轴线完全同轴，因而键槽的对称度发生了改变，从而保证不了对称度的要求）。

（4）先面后孔。对于箱体、支架、连杆和机体类零件，一般应先加工平面、后加工孔。这是因为先加工好平面后，就能以平面定位加工孔，定位稳定且可靠，保证平面和孔的位置精度。此外，在加工的平面上加工孔，既方便又容易，能提高孔的加工精度，钻孔时孔的轴线也不易偏斜。

（二）热处理工序的安排

（1）正火、退火、调质热处理工序安排。一般预备热处理的目的是改善工件的加工性能，消除内应力，改善金相组织，为最终热处理做好准备，如正火、退火、调质等。正火、退火安排在粗加工前；调质安排在粗加工之后。

（2）时效处理工序安排。一般情况下，对于箱体来说，时效处理工序安排在粗加工之前，要求高的在粗加工之后还要安排一次；精密丝杠在粗、半、精加工之后各再安排一次。

（3）淬火热处理工序安排。淬火热处理工序一般安排在磨削之前，半精加工之后。

（4）渗碳、淬火热处理工序安排。渗碳、淬火安排在半精加工之后，渗碳之后要安排次要表面的加工以及不渗透部位的渗透层切去后再淬火。

（5）氮化热处理工序安排。氮化的工件一定经过调质，氮化应安排在粗磨之后精磨之前，氮化前应去除应力；氮化后不需要淬火，因氮化层的硬度在 HRC65 以上，氮化层深度在 0.45～0.60 mm，氮化后的磨削余量在 0.10～0.15 mm。

（三）辅助工序的安排

辅助工序包括检验、去毛刺、倒棱、清洗、防锈、去磁和平衡等。

（1）检验。在粗加工之后、精加工之前，重要工序和工时长的工序前后，加工结束后，车间之间的转移等时,要安排检验工序。

(2) 去毛刺。在淬火工序之前,全部加工工序结束之后,安排去毛刺工序。

(3) 表面强化。表面强化的主要方式是采用滚压、喷丸,一般安排在最后。

(4) 表面处理。表面处理一般有发蓝、电镀等,安排在最后。

(5) 探伤。射线、超声波在工艺开始之前,磁力探伤、荧光检验在工序之后。

3.7 加工余量、工序尺寸及公差的确定

3.7.1 加工余量及其确定

一、加工余量

在机械加工过程中,为改变工件的尺寸和形状而切除的金属层的厚度称为加工余量。为完成某一道工序所需切除金属层的厚度称为工序余量。

由毛坯变为成品的过程中,在某加工表面上所切除的金属层总厚度,称为总余量。

某一工序完成后工件的尺寸称为工序尺寸。由于存在加工误差,各工序加工后尺寸也有一定的公差称为工序公差,工序公差的布置是单向、入体的。

由于加工余量是相邻两工序基本尺寸之差,则本工序的加工余量 $Z_b = a-b$;因而最小加工余量是前工序最小工序尺寸和本工序最大工序尺寸之差,即 $Z_{bmin} = a_{min} - b_{max}$;最大加工余量是前工序最大工序尺寸和本工序最小工序尺寸之差,即 $Z_{bmax} = a_{max} - b_{min}$;工序余量公差等于前工序与本工序尺寸公差之和,即 $T_{Zb} = T_b + T_a$。

二、确定加工余量的方法

在保证加工质量的前提下,加工余量越小越好。确定加工余量有以下三种方法:

(1) 查表法。根据各工厂的生产实践和试验研究积累的数据,先制成各种表格,再汇集成手册。确定加工余量时,查阅这些手册,再结合工厂的实际情况进行适当修改。目前,我国各工厂都广泛采用查表法。

查表应先拟出工艺路线,将每道工序的余量查出后,由最后一道工序向前推算出各道工序尺寸。粗加工工序余量不能用查表法得到,而由总余量减去其他各工序余量得到。

(2) 经验估计法。本法是根据实际经验确定加工余量的。一般情况下,为防止因余量过小而产生废品,经验估计的数值总是偏大。经验估计法常用于单件小批量生产。

单件小批量生产中,加工中、小零件,其单边加工余量参考数据如下:

① 总加工余量。

(手工造型)铸件　　　　　3.5~7.0 mm

自由锻件　　　　　　　　2.5~7.0 mm

模锻件	1.5～3.0 mm
圆钢料	1.5～2.5 mm

② 工序余量。

粗车	1.0～1.5 mm
半精车	0.8～1.0 mm
高速精车	0.4～0.5 mm
低速精车	0.10～0.15 mm
磨削	0.15～0.25 mm
研磨	0.002～0.005 mm
粗铰	0.15～0.35 mm
精铰	0.05～0.15 mm
珩磨	0.02～0.15 mm

(3) 分析计算法。分析计算法根据上述加工余量计算公式和一定的试验资料，对影响加工余量的各项因素进行分析，并计算确定加工余量。这种方法比较合理，但必须有比较全面和可靠的试验资料，目前只在材料十分贵重以及军工生产或少数大量生产的工厂中采用。

3.7.2　工序尺寸及其公差的确定

每道工序完成后应保证的尺寸称为该工序的工序尺寸。工件上的设计尺寸及其公差是经过各加工工序后得到的。每道工序的工序尺寸都不相同，它们逐步向设计尺寸接近。为了最终保证工件的设计要求，各中间工序的工序尺寸及其公差需要计算确定。

工序余量确定后，就可以计算工序尺寸。工序尺寸及其公差的确定要根据工序基准或定位基准与设计基准是否重合，采用不同的计算方法。

一、基准重合时工序尺寸及其公差的计算

这是指加工的表面在各工序中均采用设计基准作为工艺基准，其工序尺寸及其公差的确定比较简单。例如，对外圆和内孔的多工序加工均属于这种情况。计算顺序是：先确定各工序的基本尺寸，再由后往前逐个工序推算，即由工件的设计尺寸开始，由最后一道工序向前工序推算，直到毛坯尺寸；工序尺寸的公差则都按各工序的经济精度确定，并按"入体原则"确定上、下偏差。

例：某主轴箱箱体的主轴孔，设计要求为 $\phi100Js6$，$Ra=0.8\ \mu m$，加工工序为粗镗—半精镗—精镗—浮动镗等四道工序。试确定各工序尺寸及其偏差。

解：先根据有关手册及工厂实际经验确定各工序的基本余量，其中粗镗余量为计算得出，具体数值见表 3-9 中的第二列；再根据各种加工方法的经济精度（表格内）确定各工序尺寸的公差等级及偏差，具体数值见表 3-9 中的第三列；最后由后工序（浮动镗）向前工序逐个计算工序尺寸，具体数值见表 3-9 中的第四列，并得出各工序尺寸及其偏差和 Ra，见表 3-9 中的第五列和第六列。

表 3-9 主轴孔各工序的工序尺寸及其偏差的计算

工序名称	工序基本余量/mm	工序的经济精度/mm	工序尺寸/mm	工序尺寸及其偏差/mm	表面粗糙度 $Ra/\mu m$
浮动镗	0.1	JS6（±0.011）	100	$\phi 100 \pm 0.011$	0.8
精镗	0.5	H7 ($^{+0.035}_{0}$)	100-0.1=99.9	$\phi 99.9^{+0.035}_{0}$	1.6
半精镗	2.4	H10 ($^{+0.14}_{0}$)	99.9-0.5=99.4	$\phi 99.4^{+0.14}_{0}$	3.2
粗镗	5	H13 ($^{+0.44}_{0}$)	99.4-2.4=97.0	$\phi 97^{+0.44}_{0}$	6.4
毛坯孔	8	（±1.3）	97.0-5=92.0	$\phi 92 \pm 1.3$	

二、基准不重合时工序尺寸及其公差的计算

工序尺寸或定位基准与设计基准不重合时，工序尺寸及其公差计算比较复杂，需要用工艺尺寸链来分析计算。

（一）尺寸链的认识

在机器装配或零件加工过程中，互相联系且按一定顺序排列的封闭尺寸组合，称为尺寸链。其中，由单个零件在加工过程中的各有关工艺尺寸所组成的尺寸链，称为工艺尺寸链。

1) 工艺尺寸链的特征

工艺尺寸链具备关联性和封闭性。工艺尺寸链的每一个尺寸称为环。

（1）封闭环。工艺尺寸链中间接得到、最后保证的尺寸，称为封闭环。一个工艺尺寸链中只能有一个封闭环。

（2）组成环。工艺尺寸链中除封闭环以外的其他环，称为组成环。组成环又可分为增环和减环。增环是当其他组成环不变，该环增大（或减小）使封闭环随之增大（或减小）的组成环。减环是当其他组成环不变，该环增大（或减小），使封闭环随之减小（或增大）的组成环。

（3）组成环的判别。在工艺尺寸链图上，先给封闭环任定一方向并画出箭头，然后沿此方向环绕尺寸链回路，依次给每一组成环画出箭头，凡箭头方向和封闭环相反的则为增环，相同的则为减环。工艺尺寸链的每一个尺寸称为环。

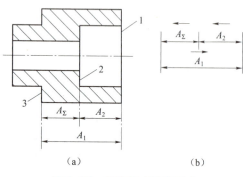

图 3-20 工艺尺寸链的形式

如图 3-20（b）图所示的就是工艺尺寸链。

2) 工艺尺寸链的求解方法

（1）封闭环的基本尺寸　封闭环的基本尺寸等于所有增环的基本尺寸 A_i 之和减去所有减环的基本尺寸 A_j 之和，其计算公式如下：

$$A_\Sigma = \sum_{i=1}^{m} A_i - \sum_{j=m+1}^{n-1} A_j$$

（2）封闭环的极限尺寸　封闭环的最大极

限尺寸等于所有增环的最大极限尺寸之和减去所有减环的最小极限尺寸之和，其计算公式如下：

$$A_{\Sigma \max} = \sum_{i=1}^{m} A_{i\max} - \sum_{j=m+1}^{n-1} A_{j\min}$$

封闭环的最小极限尺寸等于所有增环的最小极限尺寸之和减去所有减环的最大极限尺寸之和，其计算公式如下：

$$A_{\Sigma \min} = \sum_{i=1}^{m} A_{i\min} - \sum_{j=m+1}^{n-1} A_{j\max}$$

（3）封闭环的上、下偏差。封闭环的上偏差 ESA_Σ 等于所有增环的上偏差 ESA_i 之和减去所有减环的下偏差 EIA_j 之和，其计算公式如下：

$$ESA_\Sigma = \sum_{i=1}^{m} ESA_i - \sum_{j=m+1}^{n-1} EIA_j$$

封闭环的下偏差 EIA_Σ 等于所有增环的下偏差 EIA_i 之和减去所有减环的上偏差 ESA_j 之和，其计算公式如下：

$$EIA_\Sigma = \sum_{i=1}^{m} EIA_i - \sum_{j=m+1}^{n-1} ESA_j$$

（二）工艺尺寸计算

（1）测量基准与设计基准不重合时的工序尺寸计算。

例：如图 3-21（a）所示套筒零件，两端面已加工完毕，加工孔底面 C 时，要保证尺寸 $16_{-0.35}^{0}$ mm，因该尺寸不便测量，试标出测量尺寸。

解：① 画尺寸链图，如图 3-21（b）所示，图中 x 为测量尺寸，$16_{-0.35}^{0}$ mm 为间接获得尺寸；

② 确定封闭环和组成环

封闭环为 $16_{-0.35}^{0}$ mm；

组成环为 x、$60_{-0.17}^{0}$ mm；

其中减环为 x，增环为 $60_{-0.17}^{0}$ mm；

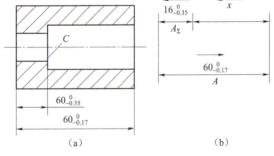

图 3-21 零件图及尺寸链图

③ 求测量尺寸的基本尺寸

$$16 = 60 - x \quad 即\ x = 44\ \text{mm}；$$

④ 求测量尺寸的上、下偏差

$$0 = 0 - EIx \quad 即\ EIx = 0\ \text{mm}；$$
$$-0.35 = (-0.17) - ESx \quad 即\ ESx = +0.18\ \text{mm}；$$

⑤ 测量尺寸 x 及其公差

$$x = 44_{0}^{+0.18}\ \text{mm}$$

（2）定位基准与设计基准不重合时的工序尺寸计算

例：如图 3-22（a）所示零件，镗削零件上的孔。孔的设计基准是 C 面，设计尺寸为 100 ± 0.15 mm。为装夹方便，以 A 面定位，按工序尺寸 L 调整机床。试求出工序尺寸。

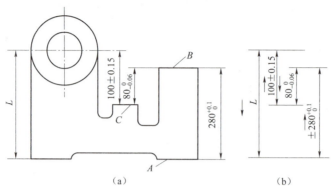

图 3-22 零件图及其尺寸链图

解：① 画尺寸链图，如图 3-22（b）所示，图中 L 为工序尺寸，$100±0.15$ mm 为间接获得尺寸；

② 确定封闭环和组成环

封闭环为 $100±0.15$ mm；

组成环为 L、$80_{-0.06}^{0}$ mm、$280_{0}^{+0.1}$ mm；

其中减环为 $280_{0}^{+0.1}$ mm，增环为 L、$80_{-0.06}^{0}$ mm；

③ 求 L 的基本尺寸

$100 = L + 80 - 280$　　即 $L = 300$ mm；

④ 求 L 的上、下偏差

$+0.15 = ESL + 0 - 0$　　即 $ESL = +0.15$ mm；

$-0.15 = EIL + (-0.06) - (+0.1)$　　即 $EIL = +0.01$ mm；

⑤ 尺寸 L 及其公差

$L = 300_{+0.01}^{+0.15}$ mm

3.8　工序简图的绘制

当加工工序设计完成后，要以表格或卡片的形式确定下来（填写机械加工工序卡片），以便指导工人操作和用于生产、工艺管理。工序卡片填写时字迹应该端正，表达要清楚，数据要准确。机械加工工序卡片应按照 JB/Z 187.3—1988 中规定的格式及原则填写。机械加工工序卡片中的工序简图可参照图 3-23，按如下要求制作：

① 简图应按比例缩小，用尽量少的视图表达　简图也可以只画出与加工部位有关的局部视图，除加工面、定位面、夹紧面及主要轮廓面外，其余线条均可省略，以必需、明了为度。

② 被加工表面用粗实线表示，其余均用细实线。

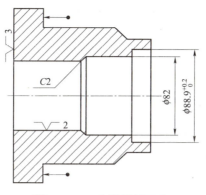

图 3-23 工序简图的画法

③ 应标明本工序的工序尺寸、公差及表面粗糙度要求。
④ 定位、夹紧表面应以 JB/T 5601—1991 规定的符号标明。

3.9 切削用量的选择

确定各工序的切削用量。合理的切削用量是科学管理生产、获得较高技术经济指标的重要前提之一。切削用量选择不当会使工序加工时间增多，设备利用率下降，工具消耗增加，从而增加产品成本。确定切削用量时，应在机床、刀具和加工余量等确定之后，综合考虑工序的具体内容、加工精度、生产率及刀具寿命等因素。选择切削用量的一般原则是保证加工质量，在规定的刀具耐用度条件下，使机动时间少、生产率高。为此，应合理地选择刀具材料及刀具的几何参数。在选择切削用量时，通常首先确定背吃刀量（粗加工时尽可能等于工序余量）；然后根据表面粗糙度要求选择较大的进给量；最后，根据切削速度与刀具耐用度或机床功率之间的关系，用计算法或查表法求出相应的切削速度（精加工则主要依据表面质量的要求）。本设计一般参阅有关机械加工工艺手册，采用查表法。下面介绍常用加工方法切削用量的一般选择方法。

一、车削用量的选择

（1）背吃刀量。粗加工时，应尽可能一次切去全部加工余量，即选择背吃刀量值等于余量值。当余量太大时，应考虑工艺系统的刚度和机床的有效功率，尽可能选取较大的背吃刀量值和较小的工作行程数。半精加工时，如单边余量 $h>2$ mm，则应分在两次行程中切除：第一次 $a_p = (2/3 \sim 3/4) h$，第二次 $a_p = (1/3 \sim 1/4) h$。如 $h \leqslant 2$ mm，则可一次切除。精加工时，应在一次行程中切除精加工工序余量。

（2）进给量。背吃刀量选定后，进给量直接决定了切削面积，从而决定了切削力的大小。因此，允许选用的最大进给量受下列因素限制：机床的有效功率和转矩；机床进给机构传动链的强度；工件的刚度；刀具的强度与刚度；图样规定的加工表面粗糙度。生产实际中大多依靠经验法，本设计可利用金属切削用量手册，采用查表法确定合理的进给量。

（3）切削速度。在背吃刀量和进给量选定后，切削速度的选定是否合理，对切削效率和加工成本影响很大。一般方法是根据合理的刀具寿命计算或查表选定 v 值。精加工时，应选取尽可能高的切削速度，以保证加工精度和表面质量，同时满足生产率的要求。粗加工时，切削速度的选择，应考虑以下几点：硬质合金车刀切削热轧中碳钢的平均切削速度为 1.67 m/s，切削灰铸铁的平均切削速度为 1.17 m/s，两者平均刀具寿命为 3 600～5 400 s；切削合金钢比切削中碳钢切削速度要降低 20%～30%；切削调质状态的钢件比切削正火、退火状态的钢料切削速度要降低 20%～30%；切削有色金属比切削中碳钢的切削速度可提高 100%～300%。

二、铣削用量的选择

（1）铣削背吃刀量。根据加工余量来确定铣削背吃刀量。粗铣时，为提高铣削效率，一般选铣削背吃刀量等于加工余量，一个工作行程铣完。而半精铣及精铣时，加工要求较高，通常分两次铣削，半精铣时背吃刀量一般为 0.5～2.0 mm；精铣时，铣削背吃刀量一般为 0.1～1.0 mm 或更小。

（2）每齿进给量。可由切削用量手册中查出，其中推荐值均有一个范围。精铣或铣刀直径较小、铣削背吃刀量较大时，用其中较小值。大值常用于粗铣。加工铸铁件时，用其中大值，加工钢件时用较小值。

（3）铣削速度。铣削背吃刀量和每齿进给量确定后，可适当选择较高的切削速度以提高生产率。选择时，按公式计算或查切削用量手册，对大平面铣削也可参照国内外的先进经验，采用密齿铣刀、选大进给量、高速铣削，以提高效率和加工质量。

三、刨削用量的选择

（1）刨削背吃刀量。刨削背吃刀量的确定方法和车削基本相同。

（2）进给量。刨削进给量可按有关手册中车削进给量推荐值选用。粗刨平面根据背吃刀量和刀杆截面尺寸按粗车外圆其较大值；精加工时按半精车、精车外圆选取；刨槽和切断按车槽和切断进给量选择。

（3）刨削速度。在实际刨削加工中，通常是根据实践经验选定切削速度。若选择不当，不仅生产效率低，还会造成人力和动力的浪费。刨削速度也可按车削速度公式计算，只不过除了如同车削时要考虑的诸项因素外，还应考虑冲击载荷，要引入修正系数 k_c。（参阅有关手册）。

四、钻削用量的选择

钻削用量的选择包括确定钻头直径 D、进给量 f 和切削速度 v（或主轴转速 n）。应尽可能选大直径钻头，选大的进给量，再根据钻头的寿命选取合适的钻削速度，以取得高的钻削效率。

（1）钻头直径。钻头直径 D 由工艺尺寸要求确定，尽可能一次钻出所要求的孔。当机床性能不能胜任时，才采取先钻孔、再扩孔的工艺，这时钻头直径取加工尺寸的 0.5～0.7 倍。孔用麻花钻直径可参阅 JB/Z 228—1985 选取。

（2）进给量。进给量 f 主要受到钻削背吃刀量与机床进给机构和动力的限制，也受工艺系统刚度的限制。标准麻花钻的进给量可查表选取。采用先进钻头能有效地减小轴向力,往往能使进给量成倍提高。因此,进给量必须根据实践经验和具体条件分析确定。

(3) 钻削速度。钻削速度通常根据钻头寿命按经验选取。

3.10 工艺装备选择

工艺装备选择的合理与否,将直接影响工件的加工精度、生产效率和经济性。应根据生产类型、具体加工条件、工件结构特点和技术要求等选择工艺装备。

(1) 夹具的选择。单件小批生产首先采用各种通用夹具和机床附件,如卡盘、机床用平口虎钳、分度头等,有组合夹具站的,可采用组合夹具。对于中、大批和大量生产,为提高劳动生产率而采用专用高效夹具。中、小批量生产应用成组技术时,可采用可调夹具和成组夹具。

(2) 刀具的选择。一般优先采用标准刀具。若采用机械集中,则应采用各种高效的专用刀具、复合刀具和多刃刀具等。刀具的类型、规格和精度等级应符合加工要求。

(3) 量具的选择。单件小批生产应广泛采用通用量具,如游标卡尺、百分表和千分尺等。大批大量生产应采用极限量块和高效的专用检验夹具和量仪等。量具的精度必须与加工精度相适应。

3.11 时间定额及提高劳动生产率的工艺途径

3.11.1 时间定额

1) 时间定额的定义

在一定生产条件下,规定完成一件产品或完成一道工序所消耗的时间,叫时间定额。合理的时间定额能促进工人生产技能的提高,从而不断提高生产率。时间定额是生产计划和成本核算的主要依据。对新建厂,它是计算设备数量、工人数量、车间布置和生产组织的依据。

2) 时间定额的组成

(1) 基本时间 t_j。直接改变工件尺寸、形状、相对位置、表面状态或材料性质等工艺过程所消耗的时间,叫做基本时间。对于机械加工,它还包括刃具切入、切削加工和切出等时间。

(2) 辅助时间 t_f。在一道工序中，为完成工艺过程所进行的各种辅助动作所消耗的时间，叫做辅助时间。它包括装卸工件、开停机床、改变切削用量及测量工件等所消耗的时间。

基本时间和辅助时间的总和称为操作时间。

(3) 工作地点服务时间 t_{fw}。为使加工正常进行，工人照管工作地（包括刀具调整、更换、润滑机床、清除切屑、收拾工具等）所消耗的时间，叫做工作地点服务时间。一般可按操作时间的 $\alpha\%$（2%～7%）来计算。

(4) 休息与自然需要时间 t_x。工人在工作班内为恢复体力和满足生理需要所消耗的时间，叫做休息与自然需要时间。它也按操作时间的 $\beta\%$（2%）来计算。

所有上述时间的总和称为单件时间 t_d：

$$t_d = t_j + t_f + t_{fw} + t_x = (t_j + f_f)\left(1 + \frac{\alpha + \beta}{100}\right)$$

(5) 准备终结时间 t_{zz}。加工一批零件时，开始和终了时所做的准备终结工作而消耗的时间，叫做准备终结时间。如熟悉工艺文件、领取毛坯、安装刀具和夹具、调整机床以及归还工艺装备和送交成品等所消耗的时间。准备终结时间对一批零件只消耗一次。零件批量 N 越大，分摊到每个工件上的准备终结时间就越小。所以成批生产时的单件时间定额为

$$t_d = (t_j + t_f)\left(1 + \frac{\alpha + \beta}{100}\right) + \frac{t_{zz}}{N}$$

3.11.2 提高劳动生产率的工艺途径

劳动生产率是指一个工人在单位时间内生产出合格产品的数量。

劳动生产率是衡量生产效率的综合性指标，表示了一个工人在单位时间内为社会创造财富的多少。

提高劳动生产率的主要工艺途径是缩短单件工时定额、采用高效的自动化加工及成组加工。

1) 缩短基本时间

(1) 提高切削用量。它是提高生产率的最有效办法。目前广泛采用高速车削和高速磨削，采用硬质合金车刀切削速度可达 200 m/min，陶瓷刀具切削速度可达 500 m/min，人造金刚石车刀切削速度可达 900 m/min；高速磨削可达 60 m/s。此外，采用强力磨削的磨削深度一次可达 6～12 mm。

(2) 减少切削行程长度。如多把车刀同时加工工件的同一表面，宽砂轮做切入磨削等，均可使切削行程长度减小。

(3) 合并工步。用几把刀具或一把复合刀具对工件的几个不同表面或同一表面同时加工，由于工步的基本时间全部或部分重合，可减少工序的基本时间，图 3-24 和图 3-25 所示即为复合刀具和多刀加工的实例。

(4) 采用多件加工。机床在一次装夹中同时加工几个工件，使分摊到每个工件上的基本时间和辅助时间大为减少。工件可采用顺序多件、平行多件和平行顺序多件加工三种方式，如图 3-26 所示。

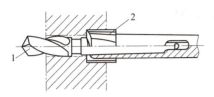

图 3-24　复合刀具加工实例
1—钻；2—扩

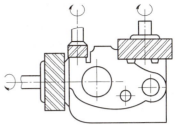

图 3-25　多刀铣削箱体实例

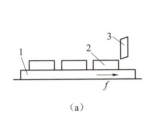
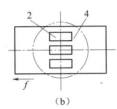
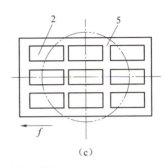

图 3-26　顺序多件、平行多件和平行顺序多件加工
1—工作台；2—工件；3—刨刀；4—铣刀；5—砂轮

2）缩短辅助时间

缩短辅助时间有两种方法：其一是使辅助动作机械化和自动化；其二是使辅助时间与基本时间重合。

采用先进夹具或多位夹具，机床可不停机地连续加工，使装卸工件时间和基本时间重合，如图 3-27 所示；采用转位夹具或转位工作台、直线往复式工作台，如图 3-28 所示；采用主动检测或数显自动测量装置，节省停机检测的辅助时间。

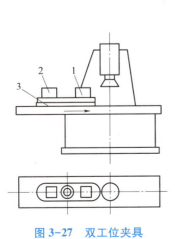

图 3-27　双工位夹具
1、2—工件；3—双工位夹具

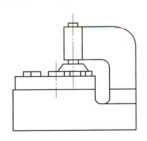
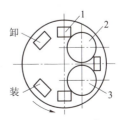

图 3-28　转位工作台
1—工件；2—精铣刀；3—粗铣刀

3）缩短工作地点服务时间

主要是缩短微调刀具和每次换刀时间，提高刀具及砂轮耐用度，如采用各种微调刀具机构、专用对刀样板、机外的快换刀夹及机械夹固的可转位硬质合金刀片等。

4）缩短准备与终结时间

主要方法是扩大零件的生产批量和减少工装的调整时间。可采用易调整的液压仿形机床、插销板式程序控制机床和数控机床等。

5）采用新工艺和新方法

采用先进的毛坯制造方法，如精铸、精锻等；采用少、无切屑新工艺，如冷挤、滚压等；采用特种加工，如用电火花加工锻模等；改进加工方法，如以拉代铣、以铣代刨、以精磨代刮研等。

6）高效自动化加工及成组加工

在成批大量生产中，采用组合机床及其自动线加工；在单件小批生产中，采用数控机床、加工中心机床、各种自动机床及成组加工等，都可有效地提高生产率。

3.12 填写工艺文件

机械加工工艺文件主要就是指机械加工工艺过程卡、工艺卡和工序卡，有的时候还需要画毛坯零件综合图和每道工序的工序简图，对于数控加工还要求填写刀具卡、程序清单并画刀具路径图等。填写工艺文件时，必须知道加工该零件时的加工路线、所采用的工艺装备及每一道工序的切削用量等。分析图 3-1 所示零件，知道其加工路线如下：

（1）毛坯选择。齿轮轴起传动作用，要承受变应力。毛坯选用锻件，材质 42CrMo。

（2）工艺路线。

01 序：划线。因为零件毛坯是锻件，要均匀余量。划出十字中心线及在工件一端划圆线。

02 序：镗。采用 T68 卧式镗床，工件放在回转工作台上，下垫 V 形铁，按划线找正，找正误差在 0.5 mm 以内。在工件两端铣平见光，两端打中心孔 60°A4（工件轻、小、短时，可在车床上自打中心孔）。

03 序：粗车。采用 C620 机床，一顶一卡工件，按线找正夹紧，全车符粗加工图。

04 序：热处理。调质处理。

05 序：划线。调质处理之后，工件会发生变形，需要重新检查工件变形情况，重划全线（全线：中心十字线、外形轮廓线）。

06 序：镗。采用 T612 机床，重复 02 工序，重修中心孔。

07 序：半精车。采用 C620 机床，一顶一卡工件，按线找正夹紧。见光各外圆、端面，表面粗糙度 $Ra3.2$。目的是为了探伤，切出的余量尽量少。

08 序：探伤。按 EZB/N 40—2002 标准进行超声波探伤，目的是检查零件内部有无裂纹，探伤深度 5～10 mm 的裂纹均可查出。若出现较大的裂纹，应进行补焊处理，合格后进行以下工序。

09 序：精车。采用 C61100 机床，一顶一夹工件，按已加工面打表找正、夹紧，按下面工步完成：

① 车架子口，目的是便于安装中心架；

② 安装中心架；

③ 车工件一端符图，并修该端中心孔；

④ 工件掉头，车另一端，并控制工件总长，修该端中心孔；

⑤ 上鸡心架、拨盘、顶尖顶工件；

⑥ 车齿顶圆，$\phi 85K6$、$\phi 75h11$、$\phi 70P6$ 外圆符图；

⑦ 车其余各外圆、环槽、端面、倒角及 $R5$ 符图。

10 序：磨。采用 M131W 机床，磨齿顶圆，$\phi 85K6$、$\phi 75h11$、$\phi 70P6$ 外圆符图。

11 序：滚齿。采用 YW3180 滚齿机床，按齿顶圆及端面找正夹紧，粗、精滚齿符图。

12 序：划线。划各键槽加工线，划 C 向 2-M20 螺孔加工线。

13 序：铣。采用 XK718 机床，找正夹紧，铣各键槽符图。

14 序：镗。采用 T68 机床，钻攻 C 向 2-M20 螺孔符图。

15 序：钳。去毛刺、尖角倒钝。

16 序：检验。

将上述每道工序的内容填写到工艺卡片，这里只填写机械加工工艺过程卡，工艺卡和工序卡将在教学单元 4 的内容学习完后，再填写。

复习与思考题

1. 阐述生产过程的概念。
2. 工艺过程主要包含哪些内容？
3. 机械加工工艺过程包含的内容是什么？
4. 什么叫工序？
5. 什么叫工步？
6. 什么叫生产纲领？与生产类型有什么关系？
7. 试分析说明不同的生产类型其工艺特征有什么不同。
8. 说明生产中制订工艺规程的原则和依据，并说明工艺规程在实际生产中的作用有哪些。
9. 零件的结构工艺性分析一般涉及哪些方面的内容？如果要在斜面上钻孔如何解决？
10. 为什么机器底座一般都设计出凸台？
11. 分析表 3-10 中零件结构的工艺性，并进行改进，说明改进后工艺性好的结构的优点。

机械加工工艺过程卡片

机械加工工艺过程卡片		产品型号	×××	零件图号	120602	共2页　第1页					
		产品名称	×××	零件名称	齿轮轴						
材料牌号	42CrMo	毛坯种类	锻件	毛坯外形尺寸	最大 ϕ180 长度 625	每毛坯可制件数	1	每台件数	1	备注	

工序号	工序名称	工序内容	车间	工段	设备	工艺装备	工时 准终	工时 单件
1	划	检查毛坯，均匀余量，划十字中心线及圆线	04	0490	划线台	划工具等	0.15	0.3
2	镗	找正夹紧，铣平端面，打两端顶尖孔 60°A4	04	0402	T68	V形铁等	0.25	1
3	车	一顶一卡工件，按线找正夹紧，全车符粗加工图	04	0401	C620	顶尖	0.5	6
4	热处理	调质处理	02	0204				

描图	张山	审核	李瑞	底图号	120601	装订号	16

标记	处数	更改文件号	签字	日期	设计（日期）	审核（日期）	标准化（日期）	会签（日期）
					唐瑞 2010.4.5	刘高 2010.4.10	张立 2010.5.15	武杰 2010.5.18

教学单元3 机械加工工艺规程设计基础

续表

机械加工工艺过程卡片		产品型号	×××	零件图号	120602		共2页	第1页
		产品名称	×××	零件名称	齿轮轴			
材料牌号	42CrMo	毛坯种类	锻件	毛坯外形尺寸	最大φ180 长度625	每毛坯可制件数	1	每台件数	1

工序号	工序名称	工序内容	车间	工段	设备	工艺装备	工时 准终	工时 单件
5	划	检查工作变形，重划全线	04	0490	划线台	划工具等	0.1	0.3
6	镗	按划线找正夹紧，铣平端面，重修中心孔	04	0402	T612	V形铁等	0.25	1
7	车	按划线找正夹紧，车光各外圆、端面，光洁度达 Ra3.2	04	0401	C620	顶尖	0.5	2.3
8	探伤	按EZB/N 40—2002标准进行超探，合格后进行以下工序	04	0403				

		设计（日期）	审核（日期）	标准化（日期）	会签（日期）
		唐瑞 2010.4.5	刘高 2010.4.10	张立 2010.5.15	武杰 2010.5.18

标记	处数	更改文件号	签字	日期				

描图　张山
审核　李瑞
底图号　120601
装订号

16

续表

机械加工工艺过程卡片		产品型号	×××	零件图号	120602			共 2 页 第 1 页	
		产品名称	×××	零件名称	齿轮轴				
材料牌号	42CrMo	毛坯种类	锻件	毛坯外形尺寸	最大 φ180 长度 625	每毛坯可制件数	1	每台件数	备注
工序号	工序名称	工序内容				车间	工段	设备	工艺装备	准终	单件
9	车	顶卡工件，按线找正夹紧，车架口，架中心架；顶卡工件，车长度尺寸符图，修两端中心孔；顶卡工件，找正夹紧，车齿顶圆，φ85K6、φ75H11、φ70P6 外圆符图，各直径留余量 0.3 mm；车其余各外圆、环槽、倒角及 R 符图				04	0401	C620	顶尖	1.5	6.3
10	磨	磨各外圆符图				04	0405	M131W	顶尖等	0.15	3
11	滚齿	按齿顶圆及端面找正夹紧，粗、精滚齿符图				04	0406	YW3180		0.25	7

				设计（日期）	审核（日期）	标准化（日期）	会签（日期）
			签字	唐瑞 2010.4.5	刘高 2010.4.10	张立 2010.5.15	武杰 2010.5.18
标记	处数	更改文件号	日期				

描图	张山		
审核	李瑞		
底图号	120601		
装订号	16		

续表

机械加工工艺过程卡片		产品型号	×××		零件图号	120602			共 2 页	第 1 页	
		产品名称	×××		零件名称	齿轮轴					
材料牌号	42CrMo	毛坯种类	锻件	毛坯外形尺寸	最大 φ180 长度 625	每毛坯可制件数	1	每台件数	1	备注	
工序号	工序名称		工序内容			车间	工段	设备	工艺装备	工时	
										准终	单件
12	划		划各键槽加工线，划 C 向 2-M20 螺孔加工线			04	0490	划线台	划工具等	0.1	0.3
13	铣		找正夹紧，铣各键槽符图			04	0407	XK718	V形铁等	0.3	1.45
14	镗		钻攻 C 向 2-M20 螺孔符图			04	0402	T68	V形铁等	0.1	1.3
15	钳		去毛刺、尖角倒钝			04	0449	T612			1.3
16	交检										
							设计（日期）	审核（日期）	标准化（日期）	会签（日期）	
							唐瑞 2010.4.5	刘高 2010.4.10	张立 2010.5.15	武杰 2010.5.18	
标记	处数		更改文件号			签字	日期				

描图	张山		
审核	李瑞		
底图号	120601		
装订号	16		

表 3-10 零件的结构工艺性分析

主要要求	结构工艺性		工艺性好的结构的优点
	不好	改进后	
1. 加工面积应尽量小			
2. 钻孔的入端和出端应避免斜面			
3. 避免斜孔			
4. 孔的位置不能距壁太近			

12. 机械加工中常用的毛坯有哪几种？如何选用？

13. 什么是组合毛坯？

14. 简述基准、设计基准、工艺基准的概念。

15. 什么是定位基准？精基准与粗基准的选择各有何原则？

16. 如图 3-29 所示的零件，在加工过程中将 A 面放在机床工作台上，加工 B、C、D、E、F 表面，在装配时将 A 面与其他零件连接。试说明：

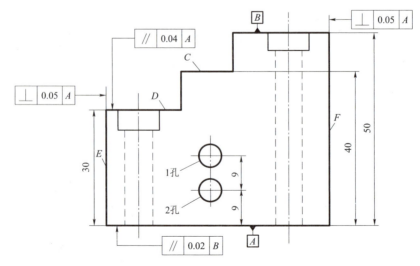

图 3-29 习题 16 零件图

① A 面是哪些表面的尺寸和相互位置的设计基准？

② 哪个表面是装配基准和定位基准？

17. 什么是经济加工精度？

18. 选择表面加工方法的依据是什么？

19. 为什么对质量要求较高的零件在拟定工艺路线时要划分加工阶段？

20. 工序集中和工序分散各有什么优缺点？

21. 什么是毛坯余量？

22. 影响工序余量的因素有哪些？

23. 计算毛坯余量的方法有哪些？

24. 加工外圆柱面，设计尺寸为 $\phi 40^{+0.050}_{+0.034}$ mm，表面粗糙度 Ra 为 0.4 μm。加工的工艺路线为：粗车—半精车—磨外圆。用查表法确定毛坯尺寸、各工序尺寸及其公差，并完成表 3-11。

表 3-11 基准重合时工序尺寸的计算

工序	工序基本余量	工序尺寸公差	工序尺寸	工序尺寸及其公差
磨外圆	0.6	0.016（IT6）	$\phi 40$	
半精车	1.4	0.062（IT9）		
粗车	3	0.25（IT12）		
毛坯	5	4±2	$\phi 45$	$\phi 45 \pm 2$

25. 如图 3-30 所示零件，各平面、槽均已加工，求以侧面 K 定位钻 $\phi 10$ mm 孔的工序尺寸及其偏差。

26. 加工图 3-31 所示零件，要保证 B 面到 C 面的距离，由于不便于测量，采用测量尺寸来间接获得，试求 A_2 向尺寸。

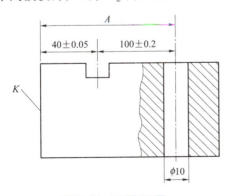

图 3-30 习题 25 图

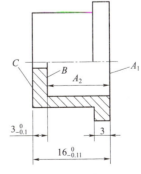

图 3-31 习题 26 图

27. 加工图 3-32 所示外圆及键槽，其加工顺序为：① 车外圆至 $\phi 26^{\ 0}_{-0.021}$；

② 铣键槽至尺寸 A；

③ 淬火；磨外圆至 $\phi 21^{\ 0}_{-0.16}$。

④ 磨外圆后应保证键槽设计尺寸。

试计算 A 尺寸。

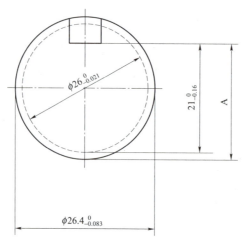

图 3-32　习题 27 图

28. 如图 3-33 所示的零件，在外圆、端面、内孔加工后，钻 $\phi10$ 孔。试计算以 B 面定位钻 $\phi10$ 孔的工序尺寸及其偏差。

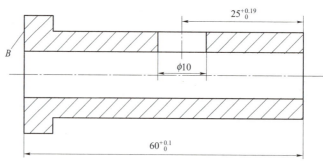

图 3-33　习题 28 图

29. 加工图 3-34 所示的一轴及其键槽，图纸要求轴径为 $\phi30_{-0.032}^{0}$ mm，键槽深度尺寸为 $26_{-0.20}^{0}$ mm，有关的加工过程如下：

① 半精车外圆至 $\phi30.6_{-0.1}^{0}$ mm；

② 铣键槽至尺寸 A；

③ 热处理；

④ 磨外圆至 $\phi30_{-0.032}^{0}$ mm。

求工序尺寸 A。

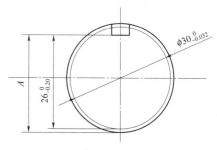

图 3-34　习题 29 图

30. 生产批量不同，夹具和量具的选择方法有何不同？

31. 什么是单件时间？单件生产和大批量生产计算时间有何不同？

32. 提高劳动生产率有什么途径？

教学单元 4
轴类零件的加工工艺设计

4.1 任务引入

如图 4-1 所示轴类零件，试设计其工艺规程，用于指导生产实践，完成零件加工。轴类零件的加工工艺因其用途、结构形状、技术要求、产量大小的不同而有差异。轴的工艺规程编制是生产中最常遇到的工艺工作。

要完成该项工作，必须按照工艺规程的设计原则、步骤和方法，对零件图样进行分析、选择材料和毛坯、确定热处理方式；分析研究轴类零件的常见加工表面及加工方法、确定零件的加工方案；选择合理的工艺装备、机床等；确定合理的切削用量；最后完成工艺文件的填写。

试切法加工

车削表面动画

锥面车削加工

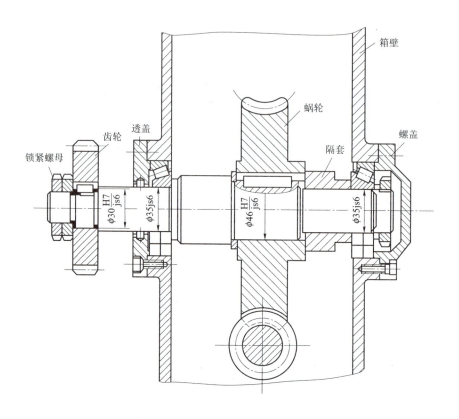

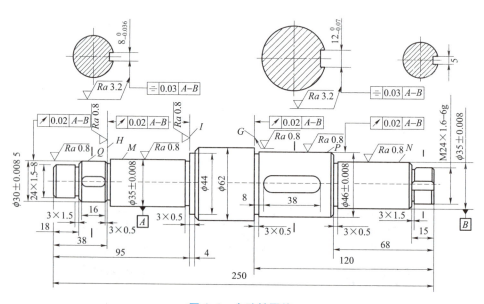

图 4-1 台阶轴零件

4.2 相关知识

4.2.1 零件图样的工艺分析

一、轴类零件的功用与结构特点

（1）功用。为支承传动零件（齿轮、皮带轮等）、传动扭矩、承受载荷，以及保证装在主轴上的工件或刀具具有一定的回转精度。

（2）分类。轴类零件按其结构形状的特点，可分为光轴、阶梯轴、空心轴和异形轴（包括曲轴、凸轮轴和偏心轴等）四类，如图4-2所示。若按轴的长度和直径的比例来分，又可分为刚性轴（$L/d \leqslant 12$）和挠性轴（$L/d > 12$）两类。

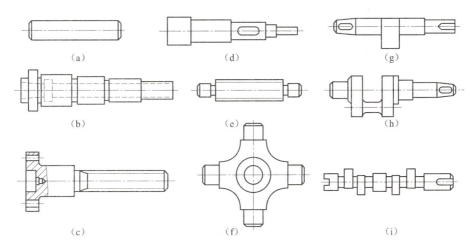

图4-2 轴的种类

(a) 光轴；(b) 空心轴；(c) 半轴；(d) 阶梯轴；(e) 花键轴；(f) 十字轴；
(g) 偏心轴；(h) 曲轴；(i) 凸轮轴

（3）表面特点。具有外圆、内孔、圆锥、螺纹、花键及横向孔等。

二、主要技术要求

（1）尺寸精度。轴颈是轴类零件的主要表面，它影响轴的回转精度及工作状态。轴颈的直径精度根据其使用要求通常为 IT6～IT9，精密轴颈可达 IT5。

（2）几何形状精度。轴颈的几何形状精度（圆度、圆柱度），一般应限制在直径公差点范围内。对几何形状精度要求较高时，可在零件图上另行规定其允许的公差。

（3）位置精度。主要是指装配传动件的配合轴颈相对于装配轴承的支承轴颈的同轴度，通常是用配合轴颈对支承轴颈的径向圆跳动来表示的；根据使用要求，规定高精度轴为 0.001～0.005 mm，而一般精度轴为 0.01～0.03 mm。

此外还有内外圆柱面的同轴度和轴向定位端面与轴心线的垂直度要求等。

（4）**表面粗糙度**。根据零件表面工作部位的不同，可有不同的表面粗糙度值，例如普通机床主轴支承轴颈的表面粗糙度为 $Ra\ 0.16 \sim 0.63\ \mu m$，配合轴颈的表面粗糙度为 $Ra\ 0.63 \sim 2.50\ \mu m$，随着机器运转速度的增大和精密程度的提高，轴类零件表面粗糙度值要求也将越来越小。

三、被加工零件的图样分析

图 4-1 所示零件是减速器中的传动轴。它属于台阶轴类零件，由圆柱面、轴肩、螺纹、螺尾退刀槽、砂轮越程槽和键槽等组成。轴肩一般用来确定安装在轴上零件的轴向位置，各环槽的作用是使零件装配时有一个正确的位置，并使加工中磨削外圆或车螺纹时退刀方便；键槽用于安装键，以传递转矩；螺纹用于安装各种锁紧螺母和调整螺母。

根据工作性能与条件，该传动轴图样（图 4-1）规定了主要轴颈 M、N，外圆 P、Q 以及轴肩 G、H、I 有较高的尺寸、位置精度和较小的表面粗糙度值，并有热处理要求。这些技术要求必须在加工中给予保证。因此，该传动轴的关键工序是轴颈 M、N 和外圆 P、Q 的加工。

4.2.2 材料、毛坯及热处理方式选择

一、轴类零件的材料

合理选用材料和规定热处理的技术要求，对提高轴类零件的强度和使用寿命有重要意义，同时，对轴的加工过程有极大的影响。轴类零件应根据不同的工作条件和使用要求选用不同的材料并采用不同的热处理规范（如调质、正火、淬火等），以获得一定的强度、韧性和耐磨性。

（1）一般轴类零件。常用 45 钢，根据不同的工作条件采用不同的热处理规范（如正火、调质、淬火等），以获得一定的强度、韧性和耐磨性。它价格便宜，经过调质（或正火）后，可得到较好的切削性能，而且能获得较高的强度和韧性等综合机械性能，淬火后表面硬度可达 $45 \sim 52\ HRC$。

（2）对中等精度而转速较高的轴类零件。可选用 40Cr 等合金钢。这类钢经调质和表面淬火处理后，具有较高的综合力学性能。

（3）精度较高的轴。用轴承钢 GCr15 和弹簧钢 65Mn 等材料，它们通过调质和表面淬火处理后，表面硬度可达 $50 \sim 58\ HRC$，并具有较高的耐疲劳性能和较好的耐磨性能，可制造较高精度的轴。

（4）对于高转速、重载荷等条件下工作的轴。可选用 20CrMnTi、20MnZB、20Cr 等低碳合金钢或 38CrMoAlA 氮化钢。低碳合金钢经渗碳淬火处理后，具有很高的表面硬度、抗冲击韧性和心部强度，热处理变形却很小。

（5）精密机床的主轴（例如磨床砂轮轴、坐标镗床主轴）。可选用 38CrMoAlA 氮化钢，这种钢经调质和表面氮化后，不仅能获得很高的表面硬度，而且能保持较软的心部，因此耐冲击韧性好。与渗碳淬火钢比较，它有热处理变形很小，硬度更高的特性。

二、轴类零件的毛坯

轴类零件可根据使用要求、生产类型、设备条件及结构，选用棒料、锻件等毛坯形式。

对于外圆直径相差不大的轴，一般以棒料为主；而对于外圆直径相差大的阶梯轴或重要的轴，常选用锻件，这样既节约材料又减少机械加工的工作量，还可改善机械性能。

根据生产规模的不同，毛坯的锻造方式有自由锻和模锻两种。中小批生产多采用自由锻，大批大量生产时采用模锻。

三、热处理安排

（1）正火或退火。锻造毛坯，可以细化晶粒，消除应力，降低硬度，改善切削加工性能。

（2）调质。安排在粗车之后、半精车之前，以获得良好的物理力学性能。

（3）表面淬火。安排在精加工之前，这样可以纠正因淬火引起的局部变形。

（4）低温时效处理。精度要求高的轴，在局部淬火或粗磨之后进行。

4.2.3 轴类零件的常见加工表面及加工方法

轴类零件的常见加工表面有：内外圆柱面、圆锥面、螺纹、花键及沟槽等。

一、外圆表面的加工方法

在选择加工方案时，应根据其要求的精度、表面粗糙度、毛坯种类、工件材料性质、热处理要求以及生产类型，并结合具体生产条件来确定。

外圆表面是轴类零件的主要表面，因此要能合理地制订轴类零件的机械加工工艺规程，首先应了解外圆表面的各种加工方法和加工方案。

（一）外圆表面的车削加工

根据毛坯的制造精度和工件最终加工要求，外圆车削一般可分为粗车、半精车、精车、精细车。

粗车的目的是切去毛坯硬皮和大部分余量。加工后工件尺寸精度 IT11～IT13，表面粗糙度 Ra 50.0～12.5 μm。

半精车的尺寸精度可达 IT8～IT10，表面粗糙度 Ra 6.3～3.2 μm。半精车可作为中等精度表面的终加工，也可作为磨削或精加工的预加工。

精车后的尺寸精度可达 IT7～IT8，表面粗糙度 Ra 1.6～0.8 μm。

精细车后的尺寸精度可达 IT6～IT7，表面粗糙度 Ra 0.400～0.025 μm。精细车尤其适合于有色金属加工，有色金属一般不宜采用磨削，所以常用精细车代替磨削。

（二）外圆表面的磨削加工

磨削是外圆表面精加工的主要方法之一。它既可加工淬硬后的表面，又可加工未经淬火的表面。根据磨削时工件定位方式的不同，外圆磨削可分为中心磨削和无心磨削两大类。

1）中心磨削

中心磨削即普通的外圆磨削，被磨削的工件由中心孔定位，在外圆磨床或万能外圆磨床上加工。磨削后工件尺寸精度可达 IT6～IT8，表面粗糙度 Ra 0.8～0.1 μm。按进给方式不同分为纵向进给磨削法和横向进给磨削法。

（1）纵向进给磨削法（纵向磨法）。如图 4-3 所示，砂轮高速旋转，工件装在前后顶尖上，工件旋转并和工作

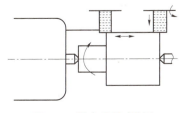

图 4-3 纵向进给磨削法

台一起纵向往复运动。

（2）横向进给磨削法（切入磨法）。如图4-4所示，此种磨削法没有纵向进给运动。当工件旋转时，砂轮以慢速作连续的横向进给运动。其生产率高，适用于大批量生产，也能进行成形磨削。但横向磨削力较大，磨削温度高，要求机床、工件有足够的刚度，故适合磨削短而粗且刚性好的工件，加工精度低于纵向磨法。

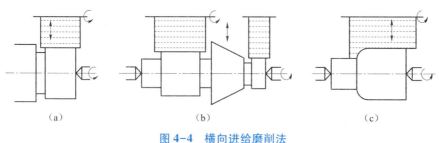

图4-4 横向进给磨削法

磨外圆

2）无心磨削

无心磨削是一种高生产率的精加工方法，以被磨削的外圆本身作为定位基准。目前无心磨削的方式主要有贯穿法和切入法。

如图4-5所示为外圆贯穿磨法的原理。工件处于磨轮和导轮之间，下面用支承板支承。磨轮轴线水平放置，导轮轴线倾斜一个不大的角度。这样导轮的圆周速度$v_导$可以分解为带动工件旋转的圆周速度$v_工$和使工件轴向进给的分速度$v_纵$。

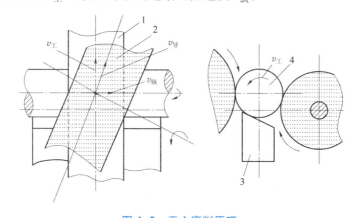

图4-5 无心磨削原理

1—磨轮；2—导轮；3—支承板；4—工件

图4-6为切入磨削法磨削的原理。包括导轮3带动工件2旋转并压向磨轮1。加工时，工件和导轮及支承板一起向砂轮作横向进给。磨削结束后，导轮后退，取下工件。导轮的轴线与砂轮的轴线平行或相交成很小的角度（0.5～1.0），此角度大小能使工件与挡铁4（限制工件轴向位置）很好地贴住即可。

无心磨削时，必须满足下列条件：

（1）由于导轮倾斜了一个角度，为了保证切削平稳，导轮与工件必须保持线接触，为此导轮表面应修整成双曲线回转体形状。

（2）导轮材料的摩擦系数应大于砂轮材料的摩擦系数；砂轮与导轮同向旋转，且砂轮的速度应大于导轮的速度；支承板的倾斜方向应有助于工件紧贴在导轮上。

（3）为了保证工件的圆度要求，工件中心应高出砂轮和导轮中心连线。高出数值 H 与工件直径有关。当工件直径 $d_工 = 8 \sim 30$ mm 时，$H \approx d_工/3$；当 $d_工 = 30 \sim 70$ mm 时，$H \approx d_工/4$。

（4）导轮倾斜一个角度。如图 4-5，当导轮以速度 $v_导$ 旋转时，可分解为：

$$v_工 = v_导 \cdot \cos \lambda ; \quad v_纵 = v_导 \cdot \sin \lambda$$

式中：λ 为导轮与工件轴线的倾斜角

粗磨时，λ 取 $3° \sim 6°$；精磨时，λ 取 $1° \sim 3°$。

无心磨削时，工件尺寸精度可达 IT6～IT7，表面粗糙度 Ra $0.8 \sim 0.2$ μm。

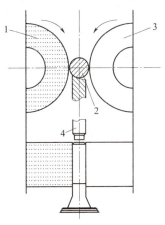

图 4-6 切入磨削法
1—磨轮；2—工件；3—导轮；4—挡铁

3）外圆磨削的质量分析

在磨削过程中，由于有多种因素的影响，零件表面容易产生各种缺陷。常见的缺陷及解决措施分析如下：

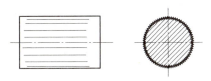

图 4-7 多角形缺陷

（1）多角形。在零件表面沿母线方向存在一条条等距的直线痕迹，其深度小于 0.5 μm，如图 4-7 所示。产生原因主要是砂轮与工件沿径向产生周期性振动。如砂轮或电动机不平衡；轴承刚性差或间隙太大；工件中心孔与顶尖接触不良；砂轮磨损不均匀等。消除振动的措施：仔细地平衡砂轮和电动机；改善中心孔和顶尖的接触情况；及时修整砂轮；调整轴承间隙等。

（2）螺旋形。磨削后的工件表面呈现一条很深的螺旋痕迹，痕迹的间距等于工件每转的纵向进给量，如图 4-8 所示。产生原因主要是砂轮微刃的等高性破坏或砂轮与工件局部接触。如砂轮母线与工件母线不平行；头架、尾座刚性不等；砂轮主轴刚性差。消除的措施：修正砂轮，保持微刃等高性；调整轴承间隙；保持主轴的位置精度；砂轮两边修磨成台肩形或倒圆角，使砂轮两端不参加切削；工件台润滑油要合适，同时应有卸载装置；使导轨润滑为低压供油。

（3）拉毛（划伤或划痕）。常见的工件表面拉毛现象如图 4-9 所示。产生原因主要是磨粒自锐性过强；切削液不清洁；砂轮罩上磨屑落在砂轮与工件之间等。消除拉毛的措施：选择硬度稍高一些的砂轮；砂轮修整后用切削液和毛刷清洗；对切削液进行过滤；清理砂轮罩上的磨屑等。

（4）烧伤。可分为螺旋形烧伤和点烧伤，如图 4-10 所示。烧伤的原因主要是磨削高温的作用，使工件表层金相组织发生变化，因而使工件表面硬度发生明显变化。消除烧伤的措施：降低砂轮硬度；减小磨削深度；适当提高工件转速；减少砂轮与工件接触面积；及时修正砂轮；进行充分冷却等。

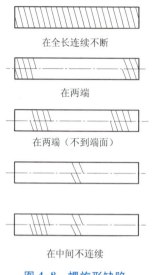

图 4-8 螺旋形缺陷

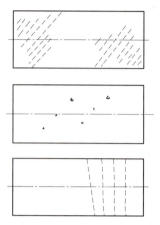

图 4-9 拉毛缺陷

(三) 外圆表面的精密加工

随着科学技术的发展,对工件的加工精度和表面质量要求也越来越高。因此在外圆表面精加工后,往往还要进行精密加工。外圆表面的精密加工方法常用的有高精度磨削、超精度加工、研磨和滚压加工等。

1) 高精度磨削

使轴的表面粗糙度值在 Ra 0.16 μm 以下的磨削工艺称为高精度磨削,它包括精度磨削(Ra 0.6～0.06 μm)、超精密磨削(Ra 0.04～0.02 μm)和镜面磨削($Ra<$ 0.01 μm)。

图 4-10 烧伤

高精度磨削的实质在于砂轮磨粒的作用。经过精细修整后的砂轮的磨粒形成了同时能参加磨削的许多微刃。如图 4-11 (a) 和 (b) 所示,这些微刃等高程度好,参加磨削的切削刃数大大增加,能从工件上切下微细的切屑,形成粗糙度值较小的表面。随着磨削过程的继续,锐利的微刃逐渐钝化,如图 4-11 (c) 所示。钝化的磨粒又可起抛光作用,使粗糙度进一步降低。

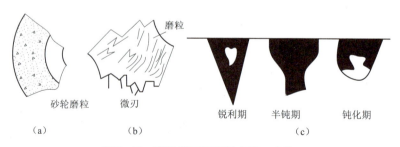

图 4-11 磨粒微刃及磨削中微刃变化

2）超精加工

用细粒度磨具的油石对工件施加很小的压力，油石作往复振动和慢速沿工件轴向运动，以实现微量磨削的一种光整加工方法。如图 4-12 所示为其加工原理图。加工中有三种运动：工件低速回转运动 1；磨头轴向进给运动 2；磨头高速往复振动 3。如果暂不考虑磨头轴向进给运动，磨粒在工件表面上走过的轨迹是正弦曲线，如图 4-12（b）所示。

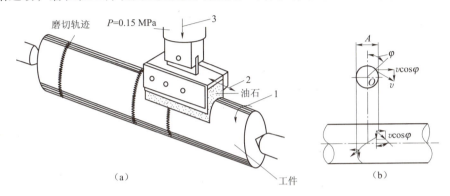

图 4-12　超精加工

(a) 超精加工的运动；(b) 超精加工的轨迹

超精加工大致有四个阶段：

（1）强烈切削阶段。开始时，由于工件表面粗糙，少数凸峰与油石接触，单位面积压力很大，破坏了油膜，故切削作用强烈。

（2）正常切削阶段。当少数凸峰磨平后，接触面积增加，单位面积压力降低，致使切削作用减弱，进入正常切削阶段。

（3）微弱切削阶段。随着接触面积进一步增大，单位面积压力更小，切削作用微弱，且细小的切屑形成氧化物而嵌入油石的空隙中，因而油石产生光滑表面，具有摩擦抛光作用。

（4）自动停止切削阶段。工件磨平，单位面积上的压力很小，工件与油石之间形成液体摩擦油膜，不再接触，切削作用停止。

经超精加工后的工件表面粗糙度值 Ra 0.08～0.01 μm。然而由于加工余量较小（小于 0.01 mm），因而只能去除工件表面的凸峰，对加工精度的提高不显著。

3）研磨

用研磨工具和研磨剂，从工件表面上研去一层极薄的表层的精密加工方法称为研磨。研磨用的研具采用比工件材料软的材料（如铸铁、铜、巴氏合金及硬木等）制成。研磨时，部分磨粒悬浮在工件和研具之间，部分研粒嵌入研具表面，利用工件与研具的相对运动，磨粒应切掉一层很薄的金属，主要切除上工序留下来的粗糙度凸峰。一般研磨的余量为 0.01～0.02 mm。研磨除可获得高的尺寸精度和小的表面粗糙度值外，也可提高工件表面形状精度，但不能改善相互位置精度。当两个工件要求良好配合时，利用工件的相互研磨（对研）是一种有效的方法。如内燃机中的气阀与阀座，油泵油嘴中的偶件等。

4）滚压加工

滚压加工是用滚压工具对金属材质的工件施加压力，使其产生塑性变形，从而降低工件表面粗糙度，强化表面性能的加工方法。它是一种无切屑加工。

图 4-13 为滚压加工示意图。滚压加工有如下特点：

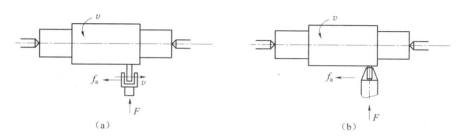

图 4-13　滚压加工示意图

(a) 滚轮滚压；(b) 滚珠滚压

（1）滚压前工件加工表面粗糙度值不大于 Ra 5 μm，表面要求清洁，直径余量为 0.02～0.03 mm。

（2）滚压后的形状精度和位置精度主要取决于前道工序。

（3）滚压的工件材料一般是塑性材料，并且材料组织要均匀。铸铁件一般不适合滚压加工。

（4）滚压加工生产率高。

二、内圆表面加工方法

内孔表面加工方法较多，常用的有钻孔、扩孔、铰孔、镗孔、磨孔、拉孔、研磨孔、珩磨孔及滚压孔等。具体的加工方法将在盘、套类零件的加工中作详细的讲解。

三、其他表面的加工方法

1）轴外圆表面上平键槽的加工

对于封闭的平键键槽，可以采用专用的键槽铣刀进行加工；如果没有键槽铣刀，也可以选择尺寸相当的钻头先钻孔，然后再使用立式铣刀沿键槽长度方向进给直到加工出键槽全长。对于不封闭的平键键槽，可以采用立式铣刀、盘形铣刀或键槽铣刀进行加工。

2）外圆花键的加工

主要采用滚切、铣削和磨削等切削加工方法，也可采用冷打、冷轧（见成形轧制）等塑性变形的加工方法。

（1）滚切法。用花键滚刀在花键轴铣床或滚齿机上按展成法加工。这种方法生产率和精度均高，适用于批量生产。

（2）铣削法。在万能铣床上用专门的成形铣刀直接铣出齿间轮廓，用分度头分齿逐齿铣削；若不用成形铣刀，也可用两把盘铣刀同时铣削一个齿的两侧，逐齿铣好后再用一把盘铣刀对底径稍作修整。铣削法的生产率和精度都较低，主要用在单件小批生产中以外径定心的花键轴的加工和淬硬前的粗加工。

（3）磨削法。用成形砂轮在花键轴磨床上磨削花键齿侧和底径，适用于加工淬硬的花键轴或精度要求更高的特别是以内径定心的花键轴。

（4）冷打法。在专门的机床上进行冷打花键，冷打的精度介于铣削和磨削之间，效率比铣削高5倍左右，冷打还可提高材料利用率。

4.2.4 轴类零件的加工方案

一、外圆表面加工方案的选择

上面介绍了外圆表面常用的几种加工方法及其特点。零件上一些精度要求较高的面，仅用一种加工方法往往是达不到其规定的技术要求的。这些表面必须顺序地进行粗加工、半精加工和精加工等加工方法以逐步提高其表面精度。不同加工方法有序的组合即为加工方案。表3-6即为外圆柱面的加工方案。

确定某个表面的加工方案时，先由加工表面的技术要求（加工精度和表面粗糙度等）确定最终加工方法，然后根据此种加工方法的特点确定前道工序的加工方法，如此类推。但由于获得同一精度及表面粗糙度的加工方法可有若干种，实际选择时还应结合零件的结构、形状、尺寸大小及材料和热处理的要求全面考虑。

表3-6中序号3（粗车—半精车—精车）与序号5（粗车—半精车—磨削）的两种加工方案能达到同样的精度等级。但当加工表面需淬硬时，最终加工方法只能采用磨削。如加工表面未经淬硬，则两种加工方案均可采用。若零件材料为有色金属，一般不宜采用磨削。

再如表3-6中序号7（粗车—半精车—粗磨—精磨—超精加工）与序号10（粗车—半精车—粗磨—精磨—研磨）两种加工方案也能达到同样的加工精度。当表面配合精度要求比较高时，最终加工方法采用研磨较合适；当只需要较小的表面粗糙度值时，则采用超精加工较合适。但不管采用研磨还是超精加工，其对加工表面的形状精度和位置精度改善均不显著，所以前道工序应采用精磨，使加工表面的位置精度和几何形状精度已达到技术要求。

二、内圆表面加工方案及其选择

表3-7所示为孔的加工方案。选择加工方案时应考虑零件的结构形状、尺寸大小、材料和热处理要求以及生产条件等。

例如表3-7中序号5（钻—扩—铰）和序号8（钻—扩—拉）两种加工方案能达到的技术要求基本相同，但序号8所示的加工方案应该在大批大量生产中采用较为合理。再如序号11（粗镗（扩）—半精镗（精扩）—精镗（铰））和序号13（粗镗（扩）—半精镗—磨孔）两种加工方案达到的技术要求也基本相同，但如果内孔表面经淬火后只能用磨孔方案（即序号13），而材料为有色金属时以采用序号11所示方案为宜，如未经淬硬的工件则两种方案均能采用，这时可根据生产现场设备等情况来决定加工方案。又如序号16中所示了三种加工方案，如为大批大量生产则可选择（钻—（扩）—拉—珩磨）的方案，如孔径较小则可选择（钻—（扩）—粗铰—精铰—珩磨）的方案，如孔径较大时则可选择（粗镗—半精镗—精镗—珩磨）的加工方案。

三、其他表面的加工位置安排

轴类零件除了内外圆表面的加工以外，还包括各种沟槽、倒角等加工要求。通常我们把轴类零件上要加工的内外圆表面称为主要加工面，其余的称为次要加工面，检验等工序我们称为辅助工序。

在前面章节中已经讲述过，安排加工工序位置时，必须考虑先主后次原则，即将键槽等加工工序安排在外圆的精加工之前，中间合理穿插热处理工序。

4.3 任务实施

4.3.1 编制并填写轴类零件的加工工艺文件

前面我们已经学习了轴类零件的加工工艺规程设计所需要的基础理论知识，这里我们以图 4-1 所示减速器中的传动轴为设计任务，进行工艺规程设计。

一、零件工艺分析

图 4-1 所示零件是减速器中的传动轴。它属于台阶轴类零件，由圆柱面、轴肩、螺纹、螺尾退刀槽、砂轮越程槽和键槽等组成。轴肩一般用来确定安装在轴上零件的轴向位置，各环槽的作用是使零件装配时有一个正确的位置，并使加工中磨削外圆或车螺纹时退刀方便；键槽用于安装键，以传递转矩；螺纹用于安装各种锁紧螺母和调整螺母。

根据工作性能与条件，该传动轴图样（图 4-1）规定了主要轴颈 M、N，外圆 P、Q 以及轴肩 G、H、I 有较高的尺寸、位置精度和较小的表面粗糙度值，并有热处理要求。这些技术要求必须在加工中给予保证。因此，该传动轴的关键工序是轴颈 M、N 和外圆 P、Q 的加工。

二、确定毛坯

该传动轴因其属于一般传动轴，故选 45 钢可满足其要求。

本任务中的传动轴属于中、小传动轴，并且各外圆直径尺寸相差不大，故选择 $\phi 60$ mm 的热轧圆钢做毛坯。

三、确定主要表面的加工方法

传动轴大都是回转表面，主要采用车削与外圆磨削成形。由于该传动轴的主要表面 M、N、P、Q 的公差等级（IT6）较高，表面粗糙度 Ra 值（$Ra = 0.8$ μm）较小，故车削后还需磨削。外圆表面的加工方案，根据表 3-6 可确定为：粗车→半精车→磨削。

四、确定定位基准

合理地选择定位基准，对于保证零件的尺寸和位置精度有着决定性的作用。由于该传动轴的几个主要配合表面（Q、P、N、M）及轴肩面（H、G）对基准轴线 $A-B$ 均有径向圆跳动和端面圆跳动的要求，它又是实心轴，所以应选择两端中心孔为基准，采用双顶尖装夹方法，以保证零件的技术要求。

粗基准采用热轧圆钢的毛坯外圆。中心孔加工采用三爪自定心卡盘装夹热轧圆钢的毛坯和抗振性,所以可用带有几把镗刀的长镗杆同时加工箱体上几个孔。镗模法加工可节省调整和找正的辅助时间,并可采用高效的定位和夹紧装置,生产率高,广泛地应用于成批大量生产中。

由于镗模自身存在制造误差,导套与镗杆之间存在间隙与磨损,所以孔系的加工精度不可能很高。能加工公差等级 IT7 的孔,同轴度和平行度从一端加工可达 0.02～0.03 mm,从两端加工可达 0.04～0.05 mm。

另外,镗模存在制造周期长、成本较高、镗孔切削速度受到一定限制以及加工中观察、测量都不方便等缺点。

（三）坐标法

坐标法镗孔是在普通卧式镗床、坐标镗床或数控镗铣床等设备上,借助于测量装置,调整机床主轴与工件在水平和垂直方向的相对位置,来保证孔距精度的一种镗孔方法。坐标法镗孔的孔距精度主要取决于坐标的移动精度。

采用坐标法加工孔系的机床可分两类:一类是具有较高坐标位移精度、定位精度及测量装置的坐标控制机床,如坐标镗床、数控镗铣床、加工中心等。这类机床可以很方便地采用坐标法加工精度较高的孔系。另一类是没有精密坐标位移装置及测量装置的普通机床,如普通镗床、落地镗床、铣床等。

二、同轴孔系加工

在成批以上生产中,箱体同轴孔系的同轴度几乎都由镗模保证。在单件小批生产中,其同轴度用下面几种方法来保证。

（一）用已加工孔做支承导向

如图 6-31 所示,当箱体前壁上的孔径加工好后,在孔内装一导向套,通过导向套支承镗杆加工后壁的孔。此法对于加工箱壁距离较近的同轴孔比较合适,但需配制一些专用的导向套。

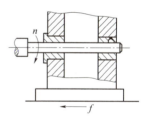

图 6-31　利用已加工孔做支承导向

（二）利用镗床后立柱上的导向支承镗孔

这种方法其镗杆系两端支承,刚性好。但此法调整麻烦,镗杆要长,很笨重,故只适用于大型箱体的加工。

（三）采用掉头镗

当箱体箱壁相距较远时,可采用掉头镗。工件在一次装夹下,镗好一端的孔后,将镗床工作台回转 180°,镗另一端的孔。由于普通镗床工作台回转精度较低,故此法加工精度不高。

当箱体上有一较长并与所镗孔轴线有平行度要求的平面时,镗孔前应先用装在镗杆上的百分表对此平面进行校正,如图 6-32 所示,使其和镗杆轴线平行,校正后加工孔。B 孔加工后,再回转工作台,并用镗杆上装的百分表沿此平面重新校正,这样就可保证工作台准确地回转 180°,然后再加工 A 孔,就可以保证 A、B 孔同轴。若箱体上无长的加工好的工艺基面,也可用平行长铁置于工作台上,使其表面与要加工的孔轴线平行后再固定。调整方法同上,也可达到两孔同轴的目的。

三、垂直孔系加工

箱体上垂直孔系的加工主要是控制有关孔的垂直度误差。在多面加工的组合机床上加工垂直孔系，其垂直度主要由机床和模板保证；在普通镗床上，其垂直度主要靠机床的挡块保证，但定位精度较低。为了提高定位精度可用心轴与百分表找正。如图 6-33 所示，在加工好的孔中插入心轴，然后将工作台旋转 90°，移动工作台，用百分表找正。

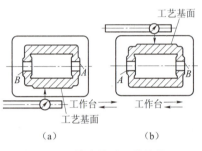

图 6-32 掉头镗对工件的校正

(a) 第 1 工位；(b) 第 2 工位

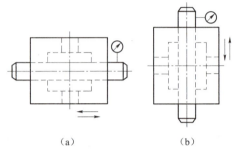

图 6-33 找正法加工垂直孔系

(a) 第 1 工位；(b) 第 2 工位

6.2.3.3 镗床夹具（镗模）

在机械加工中，许多产品的关键零件——机座、箱体等，往往需要进行精密孔系的加工。这些孔系不但要求孔的尺寸和形状精度高，而且各孔间及孔与其他基准面之间的相互位置精度也较高，用一般的办法很难保证。为此，工程技术人员设计了各种专用镗孔夹具（镗模），从而解决了孔系的加工问题。采用镗模后，镗孔精度基本上可以不受机床精度的影响，对于缺乏高精度镗孔机床的中、小工厂，就可以用普通机床、动力头以及其他经改装的旧机床来批量加工精密孔系。在大批量生产中还可采用多轴联动镗床同时镗孔，大大提高了生产效率。

一、镗模的组成

图 6-34 是加工车床尾架孔用的镗模。镗模的两个支承分别设置在刀具的前方和后方，镗刀杆 9 和主轴浮动连接。工件以底面槽及侧面在定位板 3、4 及可调支承钉 7 上定位，采用联动夹紧机构，拧紧夹紧螺钉 6，压板 5、8 同时将工件夹紧。镗模支架 1 上用回转镗套 2 来支承和引导镗杆。镗模以底面 A 安装在机床工作台上，其位置用 B 面找正。可见，一般镗模是由定位元件、夹紧装置、引导元件（镗套）和夹具体（镗模支架和镗模底座）四部分组成。

二、镗套

镗套的结构和精度直接影响到加工孔的尺寸精度、几何形状和表面粗糙度。设计镗套时，可按加工要求和情况选用标准镗套，特殊情况则可自行设计。

（一）镗套的分类及结构

一般镗孔用的镗套，主要有固定式和回转式两类，都已标准化了。下面介绍它们的结构及使用特性。

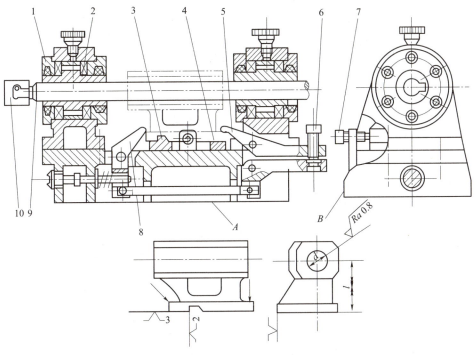

图 6-34 镗车床尾架孔镗模
1—支架；2—镗套；3、4—定位板；5、8—压板；6—夹紧螺钉
7—可调支承钉；9—镗刀杆；10—浮动接头

1) 固定式镗套

固定式镗套的结构和前面介绍的一般钻套的结构基本相似。它固定在镗模支架上面不能随镗杆一起转动，因此镗杆与镗套之间有相对运动，存在摩擦。

固定式镗套具有下列优点：外形尺寸小，结构紧凑，制造简单，容易保证镗套中心位置的准确。但是固定式镗套只适用于低速加工，否则镗杆与镗套间容易因相对运动发热过高而咬死，或者造成镗杆迅速磨损。

图 6-35 是标准式固定镗套。图中 A 型无润滑装置，依靠在镗杆上滴油润滑；B 型则自带润滑油杯，只需定时在油杯中注油，就可保持润滑，因而使用方便，润滑性能好。固定式镗套结构已标准化，设计时可参阅国标。

2) 回转式镗套

回转式镗套在镗孔过程中是随镗杆一起转动的，所以镗杆与镗套之间无相对转动，只有相对移动。当高速镗孔时，这样便能避免镗杆与镗套发热咬死，而且也改善了镗杆磨损情况。特别是在立式镗模中，若采用上下镗套双面导向，为了避免因切屑落入下镗套内而使镗杆卡住，下镗套应该采用回转式镗套。

由于回转式镗套要随镗杆一起转动，所以镗套必须另用轴承支承。按所用轴承形式的不同，回转式镗套可分为下列几种：

（1）滑动镗套。回转式镗套由滑动轴承来支承，称为滑动镗套。其结构如图 6-36 (a) 所示。镗套 2 支承在滑动轴承套 1 上，其支承的结构和一般滑动轴承相似。支承上有油

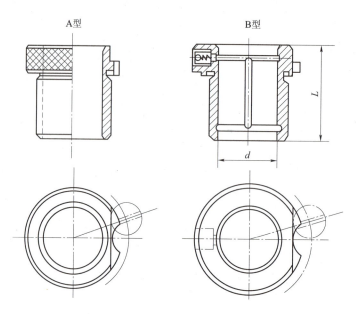

图 6-35　固定镗套

杯（图中未画出），经油孔而将润滑油送到回转部分的支承面间。镗套中开有键槽，镗杆上的键通过键槽带动镗套回转。它有时也可让镗杆上的固定刀头通过（若尺寸允许的话，否则要另行开专用引刀槽）。

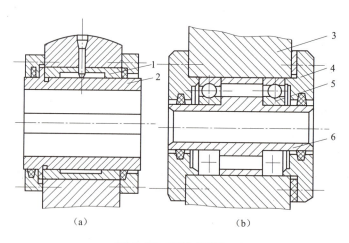

图 6-36　回转式镗套
（a）滑动镗套；（b）滚动镗套
1—轴承套；2、6—镗套；3—支架；4—轴承端盖；5—向心推力球轴承

滑动镗套的特点：与下面即将介绍的滚动镗套相比，它的径向尺寸较小，因而适用于孔心距较小而孔径却很大的孔系加工；减振性较好，有利于降低被镗孔的表面粗糙度；承载能力比滚动镗套大；若润滑不够充分，或镗杆的径向切削负荷不均衡，则易使镗套和轴承咬死；工作速度不能过高。

（2）滚动镗套。随着高速镗孔工艺的发展，镗杆的转速越来越高。因此，滑动镗套已不能满足需要，于是便出现用滚动轴承作为支承的滚动镗套，其典型结构如图6-36（b）所示。镗套6是由两个向心推力球轴承5所支承。向心推力球轴承是安装在镗模支架3的轴承孔中。镗模支承孔的两端分别用轴承端盖4封住。根据需要，镗套内孔上也可相应地开出键槽或引刀槽。

滚动镗套的特点：采用滚动轴承（标准件），使设计、制造及维修都简化方便；采用滚动轴承结构，润滑要求比滑动镗套低，可在润滑不充分时，取代滑动镗套；采用向心推力球轴承的结构，可按需要调整径向和轴向间隙，还可使用轴承预加载荷的方法来提高轴承刚度，因而可以在镗杆径向切削负荷不平衡情况下使用；结构尺寸较大，不适用于孔心距很小的镗模；镗杆转速可以很高，但其回转精度受滚动轴承本身精度的限制，一般比滑动镗套要略低一些。

（二）镗套的材料与主要技术条件

标准镗套的材料与主要技术条件可参阅有关设计资料。若需要设计非标准固定式镗套时，可参考下列内容：

1）镗套的材料

镗套的材料用渗碳钢（20钢、20Cr钢），渗碳深度0.8～1.2 mm，淬火硬度55～60 HRC。一般情况下，镗套的硬度应比镗杆低。用磷青铜做固定式镗套，因为减摩性好，不易与镗杆咬住，可用于高速镗孔，但成本较高；对大直径镗套，或单件小批生产时用的镗套，也可采用铸铁镗套，目前也有用粉末冶金制造的耐磨镗套。镗套的衬套也用20钢做成，渗碳深度0.8～1.2 mm，淬火硬度58～64 HRC。

2）镗套的主要技术条件

镗套内径的公差带为H6或H7；镗套外径的公差带：粗镗用g6，精镗用g5；镗套内孔与外圆的同轴度：当内径公差带为H7时，为ϕ0.01 mm；当内径公差带为H6时，为ϕ0.005 mm（外径小于85 mm时）或ϕ0.01 mm（外径大于或等于85 mm时）。镗套内孔表面的粗糙度为Ra 0.2 μm（内孔公差带为H6时）或Ra 0.4 μm（内孔公差带为H7时），外圆表面粗糙度为Ra 0.4 μm；镗套用衬套的内径公差带为：粗镗选用H7，精镗选用H6；衬套的外径公差带为h6；衬套的内孔与外圆的同轴度：当内径公差带为H7时，为ϕ0.01 mm；当内径公差带为H6时，为ϕ0.005 mm（外径小于52 mm时）或ϕ0.01 mm（外径大于或等于52 mm时）。

6.2.4 制订箱体类零件加工工艺过程的共性原则

一、合理安排加工顺序

加工顺序遵循先面后孔原则。箱体类零件的加工顺序均为先加工平面，以加工好的平面定位，再来加工孔。因为箱体孔的精度要求高，加工难度大，先以孔为粗基准加工平面，再以平面为精基准加工孔，这样不仅为孔的加工提供了稳定可靠的精基准，同时还可使孔的加工余量较为均匀。由于箱体上的孔分布在箱体各平面上，先加工好平面，钻孔时，钻头不易引偏，扩孔或铰孔时，刀具也不易崩刃。

二、合理划分加工阶段

加工阶段必须粗、精加工分开。箱体的结构复杂，壁厚不均，刚性不好，而加工精度要求又高，故箱体重要加工表面都要划分粗、精加工两个阶段，这样可以避免粗加工造成的内应力、切削力、夹紧力和切削热对加工精度的影响，有利于保证箱体的加工精度。粗、精分开也可及时发现毛坯缺陷，避免更大的浪费；同时还能根据粗、精加工的不同要求来合理选择设备，有利于提高生产率。

三、合理安排工序间热处理

工序间合理安排热处理。箱体零件的结构复杂，壁厚也不均匀，因此，在铸造时会产生较大的残余应力。为了消除残余应力，减少加工后的变形和保证精度的稳定，在铸造之后必须安排人工时效处理。人工时效的工艺规范为：加热到500 ℃～550 ℃，保温4～6 h，冷却速度小于或等于30℃/h，出炉温度小于或等于200 ℃。

普通精度的箱体零件，一般在铸造之后安排一次人工时效处理。对一些精度高或形状特别复杂的箱体零件，在粗加工之后还要安排一次人工时效处理，以消除粗加工所造成的残余应力。有些精度要求不高的箱体零件毛坯，有时不安排时效处理，而是利用粗、精加工工序间的停放和运输时间，使之得到自然时效。箱体零件人工时效的方法，除了加热保温法外，也可采用振动时效来达到消除残余应力的目的。

四、合理选择粗基准

要用箱体上的重要孔作粗基准。箱体类零件的粗基准一般都用它上面的重要孔作粗基准，这样不仅可以较好地保证重要孔及其他各轴孔的加工余量均匀，还能较好地保证各轴孔轴心线与箱体不加工表面的相互位置。

6.2.5 箱体类零件加工定位基准的选择

一、粗基准的选择

虽然箱体类零件一般都选择重要孔（如主轴孔）为粗基准，但由于生产类型不同，实现以主轴孔为粗基准的工件装夹方式是不同的。

（一）中小批生产时，由于毛坯精度较低，一般采用划线装夹

首先将箱体用千斤顶安放在平台上（图6-37（a）），调整千斤顶，使主轴孔Ⅰ和A面与台面基本平行，D面与台面基本垂直，根据毛坯的主轴孔划出主轴孔的水平线Ⅰ—Ⅰ，在4个面上均要划出，作为第1校正线。划此线时，应根据图样要求，检查所有加工部位在水平方向是否均有加工余量，若有的加工部位无加工余量，则需要重新调整Ⅰ—Ⅰ线的位置，作必要的校正，直到所有的加工部位均有加工余量，才将Ⅰ—Ⅰ线最终确定下来。Ⅰ—Ⅰ线确定之后，即画出A面和C面的加工线。然后将箱体翻转90°，D面一端置于3个千斤顶上，调整千斤顶，使Ⅰ—Ⅰ线与台面垂直（用大角尺在两个方向上校正），根据毛坯的主轴孔并考虑各加工部位在垂直方向的加工余量，按照上述同样的方法划出主轴孔的垂直轴线Ⅱ—Ⅱ作为第2校正线（图6-37（b）），也在4个面上均画出。依据Ⅱ—Ⅱ线画出D面加工线。再将箱体翻转90°（图6-37（c）），将E面一端置于3个千斤顶上，使Ⅰ—Ⅰ线和Ⅱ—Ⅱ线与台面垂直。根据凸台高度尺寸，先画出F面的加工线，然后再画出E面加工线。

教学单元6 箱体零件的加工工艺设计

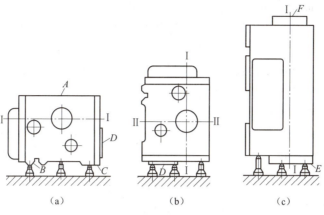

图 6-37 主轴箱的划线

加工箱体平面时，按线找正装夹工件，这样就体现了以主轴孔为粗基准。

（二）大批量生产时，毛坯精度较高，可直接以主轴孔在夹具上定位

如图 6-38 所示，先将工件放在 1、3、5 预支承上，并使箱体侧面紧靠支架 4，端面紧靠挡销 6，进行工件预定位。然后操纵手柄 9，将液压控制的两个短轴 7 伸入主轴孔中。每个短轴上有 3 个活动支柱 8，分别顶住主轴孔的毛面，将工件抬起，离开 1、3、5 各支承面。这时，主轴孔轴心线与两短轴轴心线重合，实现了以主轴孔为粗基准定位。为了限制工件绕两短轴的回转自由度，在工件抬起后，调节两可调支承 12，辅以简单找正，使顶面基本成水平，再用螺杆 11 调整辅助支承 2，使其与箱体底面接触。最后操纵手柄 10，将液压控制的两个夹紧块 13 插入箱体两端相应的孔内夹紧，即可加工。

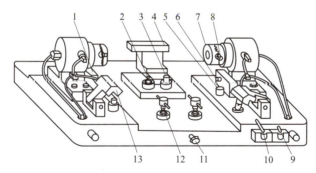

图 6-38 以主轴孔为粗基准铣顶面的夹具

1、3、5—支承；2—辅助支承；4—支架；6—挡销；7—短轴；8—活动支柱；
9、10—手柄；11—螺杆；12—可调支承；13—夹紧块

二、精基准的选择

箱体加工精基准的选择也与生产批量大小有关。

（一）单件小批生产用装配基面作定位基准

图 6-1 车床床头箱单件小批加工孔系时，选择箱体底面导轨 B、C 面作定位基准，B、C 面既是床头箱的装配基准，又是主轴孔的设计基准，并与箱体的两端面、侧面及各主要纵向轴承孔在相互位置上有直接联系，故选择 B、C 面作定位基准，不仅消除了主轴孔加工时

的基准不重合误差，而且用导轨面 B、C 定位稳定可靠，装夹误差较小，加工各孔时，由于箱口朝上，所以更换导向套、安装调整刀具、测量孔径尺寸以及观察加工情况等都很方便。

这种定位方式也有它的不足之处。加工箱体中间壁上的孔时，为了提高刀具系统的刚度，应当在箱体内部相应的部位设置刀杆的导向支承。由于箱体底部是封闭的，中间支承只能用如图 6-39 所示的吊架从箱体顶面的开口处伸入箱体内，每加工一件需装卸一次，吊架与镗模之间虽有定位销定位，但吊架刚性差，制造安装精度较低，经常装卸也容易产生误差，且使加工的辅助时间增加，因此这种定位方式只适用于单件小批生产。

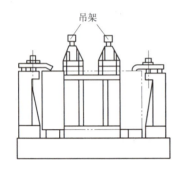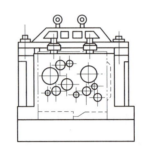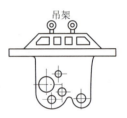

图 6-39 吊架式镗模夹具

（二）大批量生产时采用一面两孔作定位基准

大批量生产的主轴箱常以顶面和两定位销孔为精基准，如图 6-40 所示。

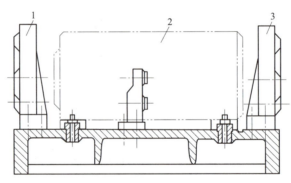

图 6-40 箱体以一面两孔定位
1、3—镗模；2—工件

这种定位方式是加工时箱体口朝下，中间导向支架可固定在夹具上。由于简化了夹具结构，提高了夹具的刚度，同时工件的装卸也比较方便，因而提高了孔系的加工质量和劳动生产率。

这种定位方式的不足之处在于定位基准与设计基准不重合，产生了基准不重合误差。为了保证箱体的加工精度，必须提高作为定位基准的箱体顶面和两定位销孔的加工精度。另外，由于箱口朝下，加工时不便于观察各表面的加工情况，因此，不能及时发现毛坯是否有砂眼、气孔等缺陷，而且加工中不便于测量和调刀。所以，用箱体顶面和两定位销孔作精基准加工时，必须采用定径刀具（扩孔钻和铰刀等）。

上述两种方案的对比分析，仅仅是针对类似床头箱而言，许多其他形式的箱体，采用一面两孔的定位方式，上面所提及的问题也不一定存在。实际生产中，一面两孔的定位方式在各种箱体加工中应用十分广泛。因为这种定位方式很简便地限制了工件6个自由度，定位稳定可靠；在一次安装下，可以加工除定位以外的所有5个面上的孔或平面，也可以作为从粗加工到精加工的大部分工序的定位基准，实现"基准统一"；此外，这种定位方式夹紧方便，工件的夹紧变形小；易于实现自动定位和自动夹紧。因此，在组合机床与自动线上加工箱体时，多采用这种定位方式。

由以上分析可知，箱体精基准的选择有两种方案：一种是以三个平面为精基准（主要定位基面为装配基面）；另一种是以一面两孔为精基准。这两种定位方式各有优缺点，实际生产中的选用与生产类型有很大的关系。中小批生产时，通常遵从"基准统一"的原则，尽可能使定位基准与设计基准重合，即一般选择设计基准作为统一的定位基准；大批量生产时，优先考虑的是如何稳定加工质量和提高生产率，不过分地强调基准重合问题，一般多用典型的一面两孔作为统一的定位基准，由此而引起的基准不重合误差，可采用适当的工艺措施去解决。

6.3 任务实施

6.3.1 编制并填写箱体类零件的加工工艺文件

通过以上分析，基本上了解了箱体加工的基本方法和过程，下面我们借助《机械加工工艺人员手册》和《切削用量手册》等相关资料，编制图6-1箱体零件的机械加工工艺过程。

（1）如果是小批量生产，其工艺过程如表6-1所示。

表6-1 某主轴箱小批量生产工艺过程

序号	工序内容	定位基准
1	铸造	
2	时效处理	
3	漆底漆	
4	划线：考虑主轴孔有加工余量，并尽量均匀。划 C、A 及 E、D 加工线	
5	粗、精加工顶面 A	按线找正
6	粗、精加工 B、C 面及侧面 D	顶面 A 并校正主轴线
7	粗、精加工两端面 E、F	B、C 面

续表

序号	工 序 内 容	定位基准
8	粗、半精加工各纵向孔	B、C 面
9	精加工各纵向孔	B、C 面
10	粗、精加工横向孔	B、C 面
11	加工螺孔及各次要孔	
12	清洗、去毛刺、倒角	
13	检验	

（2）如果是大批量生产，其工艺过程如表 6-2 所示。

表 6-2　某主轴箱大批量生产工艺过程

序号	工 序 内 容	定位基准
1	铸造	
2	时效处理	
3	漆底漆	
4	铣顶面 A	I 孔与 II 孔
5	钻、扩、铰 2-ϕ8H7 工艺孔（将 6-M10 mm 先钻至 ϕ7.8 mm，铰 2-ϕ8H7）顶面	A 及外形
6	铣两端面 E、F 及前面 D、顶面	A 及两工艺孔
7	铣导轨面 B、C	顶面 A 及两工艺孔
8	磨顶面 A	导轨面 B、C
9	粗镗各纵向孔	顶面 A 及两工艺孔
10	精镗各纵向孔	顶面 A 及两工艺孔
11	精镗主轴孔 I	顶面 A 及两工艺孔
12	加工横向孔及各面上的次要孔	
13	磨 B、C 导轨面及前面 D	顶面 A 及两工艺孔
14	将 2-ϕ8H7 及 4-ϕ7.8 mm 均扩钻至 ϕ8.5 mm，攻 6-M10 mm	
15	清洗、去毛刺、倒角	
16	检验	

请同学们按照上述工艺过程，填写机械加工过程卡、机械加工工艺卡及机械加工工序卡。

6.3.2　根据工艺文件，设计工艺实施方案

从工艺文件中（如过程卡、工艺卡及工序卡）可以了解到每一道工序所采用的设备、

刀具、夹具和量具等信息，工序卡中还详细的反映出工序简图、切削用量及工时定额等，作为一名机床操作者该从哪些方面来设计工艺实施方案呢？

（1）分析工艺文件，能否根据以往的加工经验提出合理的优化建议；

（2）理解工艺文件的内容，明确要保证零件技术要求的主要加工技术难点；

（3）根据工艺文件，针对本人所要完成的加工任务要求，列出所需刀具、夹具和量具清单，根据清单准备刀具、夹具和量具等。

（4）认真研究分析箱体零件的结构，选择合理的装夹、定位及找正方式。由于箱体零件加工要保证的技术要求高，零件重量大，吊装难度大，因此要进行仔细地找正和安装。

企业专家点评：

中国东方电气集团公司高级工程师吴伟：箱体类零件的主要特征是结构复杂，各方面的技术要求高，工件质量和尺寸大，加工的孔系位置精度要求高等，因此在实际生产中最重要的是先要保证零件的正确吊装，然后根据划线进行找正。要保证箱体类零件的加工技术要求，必须遵守箱体零件加工工艺编制的共性原则。

复习与思考题

1. 简述箱体类零件的功用和结构特点。
2. 分析箱体类零件的技术要求。
3. 箱体零件常采用的材料是哪些？为什么？
4. 如何正确选择箱体类零件的毛坯及热处理方式？
5. 箱体类零件的常见加工表面及加工方法有哪些？
6. 周铣中逆铣和顺铣各有什么特点？在实际中如何正确选择铣削方式？
7. 简述铣削加工的特点。
8. 立铣刀与键槽铣刀在结构上有什么区别？立铣刀能加工键槽吗？
9. 简述在铣削中用平口钳装夹工件的正确操作过程。
10. 简述刨削加工的特点。
11. 刨削加工中要注意的主要问题是什么？
12. 试分析比较刨削加工与铣削加的优缺点。
13. 分析研究加工平行孔系时，用心轴和块规找正和用样板找正的正确方法。
14. 简述制订箱体零件加工工艺的共性原则。
15. 简述箱体零件加工时粗、精基准的选择原则。

教学单元 7
螺纹加工方法及丝杠零件的加工工艺设计

 任务引入

图 7-1 所示为 C868 车床用丝杠。从图中可以看出丝杠的主要加工表面是螺纹及其外圆轴颈。在实际生产中如何正确设计丝杠加工的工艺规程，保证加工的精度要求，是本单元的主要任务。

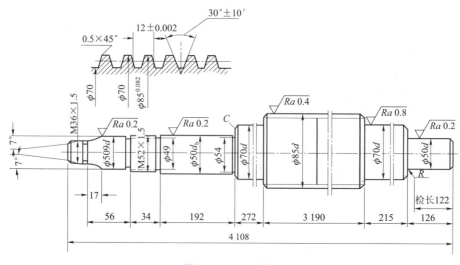

图 7-1　C868 丝杠

7.2 相关知识

7.2.1 螺纹的分类及技术要求

一、螺纹的分类

在机械中，螺纹传动应用很广，根据用途的不同，螺纹可分为两大类：

（1）紧固螺纹。用于零件的固定连接。属于紧固螺纹的有公制粗牙螺纹、英制细牙螺纹、圆柱管螺纹及圆锥管螺纹等。

（2）传动螺纹。用于传递运动或位移，有梯形螺纹等。

二、螺纹的技术要求

根据螺纹的工作条件和用途不同，对螺纹的技术要求也有所不同。对紧固螺纹的主要要求是保证螺距、中径及牙形角误差在一定的范围内，加工时一般只对计算中径进行综合检验。对传动螺纹的要求除可旋入性和连接的可靠性外，还要求保证传递动力的可靠性，因而对螺距及牙形精度要求亦很高，除对小径进行检验外，还要对螺距及螺牙角进行单项检验。此外为了长期保持传动精度，对于螺纹件的材料、耐磨性及表面粗糙度等方面的要求也较高。

7.2.2 螺纹的加工方法

一般的内螺纹可以用丝锥攻丝，具体可以根据零件的加工要求，选择标准的丝锥；一般的外螺纹加工可以选择不同规格的板牙加工。下面介绍螺纹的其他加工方法。

一、在车床上用车刀加工螺纹

车削螺纹的方法应用最广，其优点是设备通用性强，能获得精度较高的螺纹；其缺点是生产率低，对工人的技术水平要求较高。非标准的螺纹、大螺距的螺纹及锁紧螺纹等都可以在车床上加工。螺纹车削精度与很多因素有关，如机床精度、刀具轮廓及安装的精度、工人技术水平等，都会影响螺纹精度。

车削螺纹的方法如图 7-2 所示。

二、螺纹的铣削加工

成批及大量生产中，广泛采用铣削法加工螺纹。铣削螺纹比车削螺纹的生产成本高，精度一般为 2～3 级。铣削时因断续切削，粗糙度比车削较高。依所用铣刀的不同，铣削螺纹分为以下三种：用圆盘铣刀加工、用梳状铣刀加工及旋风铣削。

用圆盘铣刀加工大尺寸的梯形螺纹及方牙螺纹时，精度不高，在铣削螺纹时会产生螺牙形状的改变。因此一般是先用圆盘铣刀预铣，然后再用螺纹车刀进行精加工。

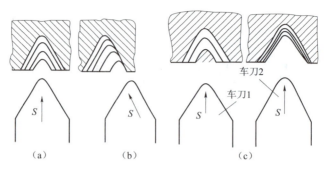

图 7-2　车削螺纹的各种方法

加工大直径的细牙螺纹时，常用组合铣刀（植刀），可以用于内、外螺纹的加工，能够加工紧邻轴肩的螺纹，不需要退刀槽，加工精度则比圆盘铣刀低。

旋风铣螺纹是一种高速的切削方法，如图 7-3 所示。

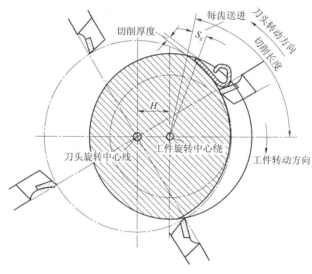

图 7-3　旋风铣螺纹简图

在旋风铣螺纹切削时，装有几把硬质合金刀具的刀盘作高速旋转运动（1 000～3 000 r/min），工件安装在卡盘中或顶尖上作缓慢的转动（3～30 r/min）。刀尖运动轨迹是一个圆，其中心与工件旋转中心有一偏心值 H，高速旋转的刀盘与带动它的电动机固定在车床的刀架溜板上，随刀架溜板平行于工件轴心线作纵向进给，工件每转一转，攻进一个螺距。由于刀盘中心与工件中心不重合，刀刃只在其圆弧轨迹上与工件接触，因此是间断切削，刀具可在空气中冷却。工件与刀盘的旋转方向一般是相反的。刀齿的旋转平面与垂直平面形成一角度并等于被切螺纹的升角。

旋风铣螺纹时，生产率高。应该指出，旋风铣出的螺纹精度与工件的受热程度和刀具的磨损有关。

三、挤压螺纹

挤压螺纹是一种无屑加工方法，生产率很高，在成批及大量生产中得到了广泛的应用。

挤压螺纹时金属内部纤维不致被切断破坏,故提高了螺纹强度。挤压后螺纹能承受的拉伸强度高,疲劳强度比切削的大50倍。挤压螺纹的尺寸范围较宽(0.2~120 mm)。

挤压可分为两大类:用搓板挤压和用滚轮滚压。用搓板挤压加工精度较低,但用滚轮滚压则可得到较高的精度和较好的表面光洁度。

用滚轮滚压螺纹的方法有单滚轮和双滚轮滚压等方式,如图7-4所示为用双滚轮滚压螺纹的情况。两个滚轮中,一个是定滚轮,另一个是动滚轮。动滚轮可作径向送进运动,两个滚子均主动旋转而工件被带动作自由旋转。由于滚子在热处理后可以磨,加工精度提高。

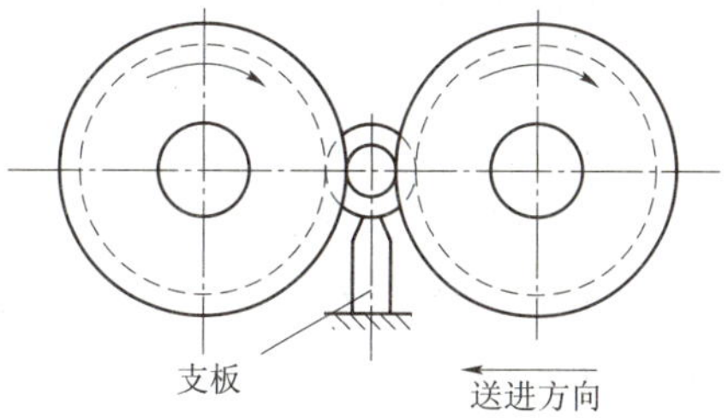

四、磨削螺纹

磨削螺纹主要用于加工热处理后具有较高硬度的螺纹。工件淬火后的硬度较高,虽然还可以切削,但会使切削螺纹的刀具耐用度大大降低。另外,螺纹在热处理后将引起螺纹轮廓的变形,因此,精密螺纹必须经过磨削加工,以保证精度和表面光洁度。

图7-4 用双滚轮滚压螺纹

磨削螺纹的方法主要有:用单线砂轮磨螺纹、用多线砂轮磨螺纹及无心磨削螺纹等,在此不再讲述。

7.3 编制丝杠加工工艺

一、丝杠的技术要求及工艺特点

如图7-1所示丝杠零件,是车床用的攒动丝杠,直接影响到机床的加工精度。

(一)技术要求和精度等级

根据用途,丝杠所必须保证的传动精度有:

0级——用于测量仪器,如高精度的坐标机床;

1级——用于刻线机和高精度的螺纹加工机床;

2级——用于较高精度的普通螺纹加工机床或分度机构;

3级——用于普通车床及铣床;

4级——用于移动部件或手动机构。

各种精度等级中对螺距、小径、外径、螺牙、丝杠螺纹与支承轴颈的同轴度、支承轴颈精度、表面光洁度以及耐磨性等项目分别提出不同的要求。具体要求可以查阅相关手册。

(二)丝杠的工艺特点

丝杠是较长的柔性工件,外径对于长度之比一般较大。因为细长,刚度不好,容易产生弯曲,所以弯曲和内应力成为丝杠加工的重要问题。根据以上工艺特点,精密丝杠在加工和装配过程中不允许用冷校直的方法,而是用各种时效工序,使丝杠在制造过程中的内应力减小。由零件变形所引起的空间偏差,则借增大加工余量的方法,在随后的工序中切除,这样就能获得内应力极小且符合要求的丝杠,即使在长期停放和使用过程中也不再发生变形。

二、毛坯材料的选择

丝杠的材料应具有良好的加工性、耐磨性及稳定性(稳定的晶相组织)。具有颗粒的珠光体组织的优质碳素工具钢,基本上能满足上面三个方面的要求。精密机床的丝杠可用 T10A、T12A 制造,其他丝杠常用含硫量较高的冷拉易切钢 Y40Mn、Y40 或含铅 0.15～0.5% 的 45 钢。要经最后热处理而获得高硬度的丝杠可用铬锰钢及铝钨锰钢,淬火后硬度可达 HRC 50～56。

三、高精度丝杠加工工艺过程及其特点

现以图 7-1 所示 C868 丝杠为例,介绍在小批生产中丝杠的加工工艺路线。

该丝杠共有 30 个工序,材料为 T12A,其主要的工序如下:

(1) 下料并校直。

(2) 球化退火(周期循环退火法),加热到 730 ℃～740 ℃,缓冷到 650 ℃～690 ℃,又重新加热到 730 ℃～740 ℃,如此来回 5～6 次,保证在退火后形成粒状珠光体组织,改善机械性能。

(3) 粗车外圆(车前打顶尖孔)。

(4) 高温时效(t=500 ℃～550 ℃之间)——消除内应力,径向跳动不超过 1.5 mm。

(5) 精车外圆及粗挑扣(每边留余量 1.5～2 mm,车前重打中心孔)。如图 7-5 (a) 所示。

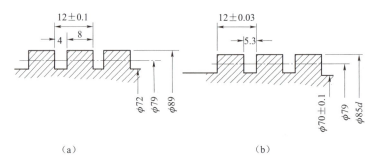

图 7-5　粗挑扣时将螺纹切成方牙

(6) 高温时效(t=500 ℃～550 ℃之间),径向跳动公差不超过 1 mm。

(7) 二次粗挑扣,加工成如图 7-5 (b) 所示槽宽达 5.3 mm 的方牙螺纹(车前重打中心孔)。

(8) 低温时效(t=160 ℃±10 ℃,保持 36 小时)——继续消除内应力、径向跳动不允许超过 0.5 mm,不允许冷校直。

(9) 重新打中心孔。

(10) 粗磨外圆及轴颈。

(11) 半精挑扣,开始车成 15°梯形螺纹。

（12）低温时效（$t = 160 \pm 10$ ℃，保持 36 小时）——继续消除内应力、径向跳动不允许超过 0.25 mm，不允许冷校直。

（13）重打中心孔。

（14）半精磨外圆及轴颈。

（15）精磨外圆及端面 C。

（16）采用有校正尺装置的车床精车螺纹。

（17）研磨螺纹。

下面讨论一下精密丝杠加工的特点和应注意的问题：

（一）基面选择

丝杠的主要基面为轴颈和顶尖孔，但经常是用顶尖孔为基面，对于长度较小的丝杠（小于 3~4 m），用顶尖孔最为合适。加工长丝杠（4 m 以上）时，通常将丝杠一端固紧在机床卡盘内，而另一端装在特殊支座的精密导套中，如图 7-6 所示。

在加工过程中，由于室温、切削热以及摩擦热等作用的结果，不可避免地要使工件产生相对（对于机床导轨）伸长或缩短，由于工件丝杠长度的变化不受导套的限制，可以自由伸缩，这样就减少了弯曲变形。作为基面的外圆表面应精磨，其锥度及椭圆度在导套位置和支

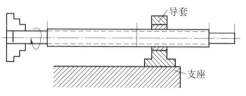

图 7-6　使用导套加工丝杠

承长度内应不超过 0.004 mm，粗糙度不高于 Ra 0.4 μm，与导套的配合间隙不超过 0.008~0.012 mm。对于 4 m 以下的丝杠都采用顶尖孔作基面，但即使长度较大的丝杠，在加工过程中（如磨外径）仍要用到顶尖孔，因此，顶尖孔应进行淬火和磨削，使其几何形状正确，表面光洁。应该指出，一般用铸铁顶尖研磨中心孔的办法，不易获得准确的几何形状，因而与顶尖的接触情况不良，工作过程中常发生"咬死"现象；特别是对未淬硬的顶尖孔，如用铸铁的顶尖掺和金刚砂研磨，会发生金刚砂嵌入顶尖孔表面的不良后果。有时可采用硬质合金顶尖挤压顶尖孔表面的方法代替顶尖孔的研磨。

（二）严格控制各工序的加工余量和切削用量

为了减少余量，节约金属和工时，往往采用移动中心的方法，使工序间变形的影响减到最低限度。对于长度较大的丝杠，每当高温和低温时效以后，必须检查丝杠的径向跳动，找出跳动最大之处，以该处作为基面，用中心架支承工件，如图 7-7 所示。然后切去上一道工序所留下的顶尖孔，按沿全长各处跳动接近最大跳动量的一半为原则，重新打顶尖孔。由于精密丝杠不允许采用冷校直，不得不增大工序间的加工余量，因此，粗加工和半精加工的

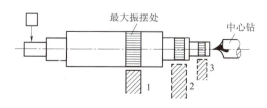

图 7-7　以最大径向跳动处作为基面重新打顶尖孔

劳动量也相应增大。为了保证加工质量，同时不致降低生产率，必须正确选择切削用量。根据国内某工厂加工 C868 丝杠的经验，采用下列的加工用量较合适：预加工螺纹时，切削速度为 2～3.5 m/min，径向进给量为 0.06 mm/r；精车螺纹时，切削速度为 1～1.5 m/min，径向进给量为 0.02～0.04 mm/r。上述数值还需视具体情况而定，如刀具的耐磨性及材料的加工性及冷却润滑等。

（三）加工过程中的变形问题

为了减小变形，在工艺过程中，要合理地安排时效工序，以去除内应力。在 C868 丝杠的加工工艺过程中，就安排了多次的时效工序，同时工件在安装、放置及热处理时，要注意不能用支承支住或平放，以免引起丝杠的"自重变形"，一定要将丝杠吊起。当工件在机床上夹持时，应避免不合理的夹持方式，例如，用前后顶尖支承并用四爪或三爪卡盘夹紧工件，当卡爪所确定的中心对于两顶尖连心线有偏差时会引起弹性弯曲，即在车完之后，没有振摆，但松开卡盘，就会出现，解决的办法是去掉前顶尖。

对于要求淬硬的精密丝杠，由于淬火后不可避免变形，故难以掌握磨削工序中余量的大小，为此可以在淬火后用磨削的方法将螺纹磨出（而不预先车出），以达到要求。但此法很不经济，在小批及试制情况下可以考虑采用。若丝杠长度较大，热处理设备和加工设备都难以满足要求，此时，通常是将毛坯分成若干段，分别加工，在最后精加工之前再装配成一个整体，然后进入最后的精加工工序，或者在分别加工完毕以后，再进行装配。

四、普通精度丝杠的加工

在成批生产中，加工普通精度丝杠的工艺过程如下：

下料—校直—车端面、打中心孔—车外圆及轴颈—校直—粗铣或粗车螺纹—时效处理—校直—修正端面及中心孔—精磨外圆、轴颈—半精车螺纹、精车螺纹—校直—检验。

若是采用热轧钢，则在下料后还需有焖火和无心车等工序。普通精度的丝杠在粗加工时可用精度较差但生产率高的方法进行，如在螺纹铣床上用圆盘铣刀铣出螺纹。在工序间允许进行多次校直。当产量大时，多在立式炉内进行时效处理，产量小时就用人工敲打和自然时效并用的方法消除内应力，减少弯曲变形。

企业专家点评：

东方电气集团公司高级工程师吴勤：螺纹加工是丝杠加工的主要内容，在加工螺纹，特别是车削螺纹时，要注意螺纹车刀的正确安装，要保证刀具的对中性和等高性，同时要注意车削不同旋向的螺纹时，车刀左右车削刃的后角不同。丝杠加工的校正是其重要的工序，要予以高度重视。

1. 简述丝杠螺纹的加工方法。

2. 丝杠加工过程中为什么要安排多次时效处理？
3. 为了获得高的螺纹加工精度，高精度丝杠车削采用了哪些措施？
4. 加工多头丝杠有哪些方法？
5. 滚珠丝杠和普通的梯形螺纹传动丝杠最大的区别是什么？
6. 常用的丝杠种类有哪些？各用于哪些场合？
7. 常用的传动丝杠一般采用哪种材料？
8. 丝杠传动有哪些主要特点？
9. 简述丝杠加工的工艺特点。

教学单元 8
齿轮加工工艺设计

8.1 任务引入

图 8-1 所示为齿轮简图，结合齿轮结构特点和技术要求，如何合理地设计齿轮加工的工艺路线，加工出符合图样要求的零件，是本单元的任务。

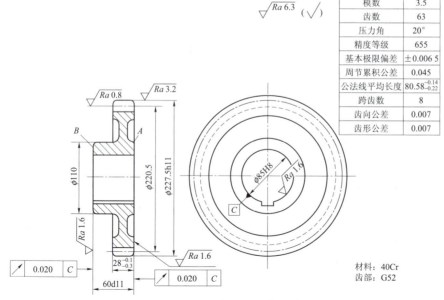

展成法加工齿轮

图 8-1　齿轮简图

8.2 相关知识

8.2.1 零件图样的工艺分析

齿轮传动广泛应用于机床、汽车、飞机、船舶及精密仪器等行业中，因此，在机械制造中，齿轮生产占有极其重要的位置，其功用是按规定的速比传递运动和动力。

一、圆柱齿轮的结构特点

圆柱齿轮的结构因使用要求不同而有所差异。从工艺角度出发可将其分成齿圈和轮体两部分。按照齿圈上轮齿的分布形式，可以分为直齿、斜齿和人字齿等；按照轮体的结构形式，齿轮可分为盘类齿轮、套类齿轮、轴类齿轮及齿条等。如图8-2所示。

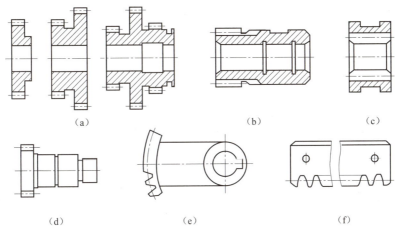

图8-2 圆柱齿轮的结构形式

圆柱齿轮的结构形式直接影响齿轮加工工艺的制订。普通单齿圈齿轮的工艺性最好，可以采用任何一种齿形加工方法加工。双联或三联等多齿圈齿轮的小齿圈的加工受其轮缘间轴向距离的限制，其齿形加工方法的选择就受到限制，加工工艺性较差。

二、圆柱齿轮的技术要求分析

齿轮制造精度的高低直接影响到机器的工作性能、承载能力、噪声和使用寿命，因此根据齿轮的使用要求，对齿轮传动提出四个方面的精度要求。

（1）传递运动的准确性。即要求齿轮在一转中的转角误差不超过一定范围，使齿轮副传动比变化小，以保证传递运动准确。

（2）传递运动的平稳性。即要求齿轮在任一齿转角内的最大转角误差在规定范围内，使齿轮副的瞬时传动比变化小，以保证传动的平稳性，减小振动、冲击和噪声。

（3）载荷分布的均匀性。要求齿轮工作时齿面接触良好，并保证有一定的接触面积和符合要求的接触位置,以保证载荷分布均匀,不至于齿面应力集中,引起齿面过早磨损,从而降低使用寿命。

(4) 传动侧隙的合理性。要求啮合轮齿的非工作齿面间留有一定的侧隙,方便存储润滑油,补偿弹性变形和热变形及齿轮的制造安装引起的误差。

国家标准 GB 10095—1988《渐开线圆柱齿轮精度》对齿轮和齿轮副规定了 12 个精度等级,其中第 1 级最高,第 12 级最低,标准将齿轮每个精度等级的各项公差与极限偏差分成三个公差组。具体见表 8-1。

表 8-1 各公差组对传动性能的主要影响

公差组	公差与极限偏差项目	误差特性	对传动性能的主要影响
I	F_p, F''_{pk}, F''_i, F_r, F_w	以齿轮一转为周期的误差	传递运动的准确性
II	f''_i, ff, f_{pt}, f_{pb}, f''_i, ff_β	在齿轮一转内,多次周期重复出现的误差	传递运动的平稳性、噪声、振动
III	F''_β, F_b, F''_{px}	齿向、接触线的误差	载荷分布的均匀性

8.2.2 齿轮的材料、毛坯及热处理

一、齿轮材料的选择

齿轮应按照使用时的工作条件选用合适的材料。齿轮材料的选择对齿轮的加工性能和使用寿命都有直接的影响。

速度较高的齿轮传动,齿面容易产生疲劳点蚀,应选齿面硬度较高且硬层较厚的材料;有冲击载荷的齿轮传动,轮齿容易折断,应选择韧性较好的材料;低速重载的齿轮传动,轮齿容易折断,齿面易磨损,应选择机械强度大,齿面硬度高的材料。

45 钢热处理后有较好的综合机械性能。经过正火或调质可改善金相组织和材料的可切削性,降低加工后的表面粗糙度,并可减少淬火过程中的变形。因为 45 钢淬透性差,整体淬火后材料变脆,变形也大,所以一般采用齿轮表面淬火,硬度可达 HRC52~58。适合于机床行业 7 级精度以下的齿轮。

40Cr 是中碳合金钢,和 45 钢相比,少量铬合金的加入可以使金属晶粒细化,提高强度,改善淬透性,减少了淬火时的变形。

使齿轮获得高的齿面硬度而心部又有足够韧性和较高的抗弯曲疲劳强度的方法是渗碳淬火,一般选用低碳合金钢 18CrMnTi,它具有良好的切削性能,渗碳时工件的变形小,淬火硬度可达到 HRC56~62,残留的奥氏体量少,多用于汽车、拖拉机中承载大且有冲击的齿轮。

38CrMoAlA 氮化钢经氮化处理后,比渗碳淬火的齿轮具有更高的耐磨性与耐腐蚀性,变形很小,可以不磨齿,多用来作为高速传动中需要耐磨的齿轮材料。

铸铁容易铸成复杂的形状,容易切削,成本低,但其抗弯强度、耐冲击和耐磨性能差。故常用于受力不大、无冲击、低速的齿轮。

有色金属作为齿轮材料的有黄铜 HPb59-1、青铜 QSNP10-1 和铝合金 LC4。

非金属材料中的夹布胶木、尼龙及塑料也常用于制造齿轮。这些材料具有易加工、传动

噪声小、耐磨、减振性好等优点，适用于轻载、需减振、低噪声、润滑条件差的场合。

二、齿轮的热处理

（一）齿坯热处理

钢料齿坯最常用的热处理为正火或调质。正火安排在铸造或锻造之后，切削加工之前。这样可以消除钢件中残留的铸造或锻造内应力，并且使铸造或锻造后组织上的不均匀性通过重新结晶得到细化和均匀，从而改善了切削性能和表面粗糙度，还可以减少淬火时变形和开裂的倾向。调质同样起到了细化晶粒和均匀组织的作用，只不过它可以使齿坯韧性更高些，但切削性能差一些。

对于棒料齿坯，正火或调质一般安排在粗车之后，这样可以消除粗车形成的内应力。

（二）轮齿热处理

轮齿常用的热处理为高频淬火、渗碳及氮化。

高频淬火可以形成比普通淬火稍高硬度的表层，并保持了心部的强度与韧性。

渗碳可以使齿轮在淬火后表面具有高硬度且耐磨，心部依然保持一定的强度和较高的韧性。

氮化是将齿轮置于氨气中并加热到520 ℃～560 ℃，使活性氮原子渗入轮齿表面层，形成硬度很高的氮化物薄层。

在齿轮生产中，往往因热处理质量不稳定，引起齿轮定位基面及齿面变形过大或表面粗糙度太大而使工件大批报废，因此，热处理质量对齿轮加工精度和表面粗糙度影响很大。热处理成为齿轮生产中的关键问题。

三、齿轮毛坯的制造

齿轮毛坯形式主要有棒料、锻件和铸件。棒料用于小尺寸、结构简单而且对强度要求低的齿轮。锻件多用于要求强度高、耐冲击和耐磨的齿轮。当齿轮直径大于400～600 mm时，常用铸造方法铸造齿坯。为了减少机械加工量，对大尺寸、低精度齿轮，可以直接铸出轮齿；压力铸造、精密铸造、粉末冶金、热扎和冷挤等新工艺，可制造出具有轮齿的齿坯，以提高劳动生产率，节约原材料。

8.2.3 齿轮加工方案

8.2.3.1 齿坯加工

齿坯加工在齿轮的整个加工过程中占有重要的位置。齿轮的孔、端面或外圆常作为齿形加工的定位、测量和装配的基准，其加工精度对整个齿轮的精度有着重要的影响。另外，齿坯加工在齿轮加工总工时中占有较大的比例，因此齿坯加工在整个齿轮加工中占重要的地位。

一、齿坯加工精度

齿轮在加工、检验和装夹时的径向基准面和轴向基准面应尽量一致。一般情况下，以齿轮孔和端面为齿形加工的基准面，所以齿坯精度中主要是对齿轮孔的尺寸精度和形状精度以及孔和端面的位置精度有较高的要求；当外圆作为测量基准或定位、找正基准时，对齿坯外圆也有较高的要求。具体见表8-2、表8-3。

表 8-2 齿坯尺寸和形状公差

齿坯精度等级	4	5	6	7	8	9	10
孔的尺寸和形状公差	IT4	IT5	IT6	IT7	IT7	IT8	IT8
轴的尺寸和形状公差	IT4	IT5	IT5	IT6	IT6	IT7	IT7
顶圆直径公差	IT7	IT7	IT7	IT8	IT8	IT9	IT9

表 8-3 齿坯基准面径向和端面圆跳动公差

分度圆直径/mm		精 度 等 级						
大于	到	4	5	6	7	8	9	10
—	125	7		11		18		28
125	400	9		14		22		36
400	800	12		20		32		50

二、齿坯加工方案

齿坯加工工艺方案主要取决于齿轮的轮体结构、技术要求和生产类型。齿坯加工的主要内容有：齿坯的孔、端面、顶尖孔（轴类齿轮）以及齿圈外圆和端面的加工。对于轴类齿轮和套筒齿轮的齿坯，其加工过程和一般轴、套类零件基本相同。以下主要讨论盘类齿轮齿坯的加工工艺方案。

1）单件小批生产的齿坯加工

一般齿坯的孔、端面及外圆的粗、精加工都在通用车床上经两次装夹完成，但必须注意，将孔和基准端面的精加工在一次装夹内完成，以保证位置精度。

2）成批生产的齿坯加工

成批生产齿坯时，经常采用"车—拉—车"的工艺方案。

(1) 以齿坯外圆或轮毂定位，粗车外圆、端面和内孔；

(2) 以端面定位拉孔；

(3) 以孔定位精车外圆及端面等。

3）大批量生产的齿坯加工

大批量生产，应采用高生产率的机床和高效专用夹具加工。在加工中等尺寸齿轮齿坯时，多采用"钻—拉—多刀车"的工艺方案。

(1) 以毛坯外圆及端面定位进行钻孔或扩孔；

(2) 拉孔；

(3) 以孔定位在多刀半自动车床上粗、精车外圆、端面、车槽及倒角等。

8.2.3.2 圆柱齿轮齿形加工方法和加工方案

一、概述

齿形加工方法可分为无屑加工和切削加工两类。无屑加工主要有热轧、冷轧、压铸、注塑及粉末冶金等，无屑加工生产率高，材料消耗少，成本低，但由于受到材料塑性和加工精度的影响，目前尚未广泛应用。齿形切削加工精度高，应用广，按照加工原理，可分为成形法和展成法。成形法采用具有与被加工齿轮齿槽形状相同的刀刃的成形刀具进行加工，常用的有指状铣刀铣齿、盘形铣刀铣齿、齿轮拉刀拉齿和成形砂轮磨齿。展成法的原理是使齿轮刀具和齿坯严格保持一对齿轮啮合的运动关系来进行加工，如滚齿、插齿、剃齿、珩齿、挤齿和磨齿等。

齿圈上的齿形加工是整个齿轮加工的核心，尽管齿轮加工有许多工序，但都是为齿形加工服务，其目的在于最终获得符合精度要求的齿轮。

二、圆柱齿轮的齿形加工方法

（一）滚齿加工

1）滚齿加工原理

如图8-3所示，滚齿是应用一对螺旋圆柱齿轮的啮合原理进行加工的。所用刀具称为齿轮滚刀。滚齿是齿形加工中生产率较高、应用最广的一种加工方法。滚齿加工通用性好，既可加工圆柱齿轮，又可加工蜗轮；既可加工渐开线齿形，又可加工圆弧、摆线等齿形；既可加工小模数、小直径齿轮，又可加工大模数、大直径齿轮。

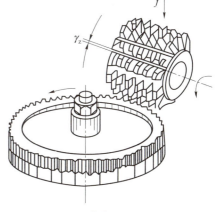

图8-3　滚齿工作原理

2）滚齿加工精度分析

滚齿的加工精度等级一般为6～9级，对于8、9级精度齿轮，可直接滚齿得到，对于7级精度以上的齿轮，通常滚齿可作为齿形的粗加工或半精加工。当采用AA级齿轮滚刀和高精度滚齿机时，可直接加工出7级精度以上的齿轮。

在滚齿加工中，由于机床、刀具、夹具和齿坯在制造、安装和调整中不可避免地存在一些误差，因此被加工齿轮在尺寸、形状和位置精度等方面也会产生一些误差。这些误差将影响齿轮传动的准确性、平稳性、载荷分布的均匀性和齿侧间隙。

滚齿加工

滚齿误差产生的主要原因和采取的相应措施见表8-4。

表8-4　滚齿误差产生的主要原因及应采取的措施

影响因素	滚齿误差		主要原因	采取的措施
影响传递运动准确性	齿距累积误差超差	齿圈径向圆跳动超差 F_r	1. 齿坯几何偏心或安装偏心造成	● 提高齿坯基准面精度要求 ● 提高夹具定位面精度 ● 提高调整技术水平
			2. 用顶尖定位时，顶尖与机床中心偏心	更换顶尖及提高中心孔制造质量，并在加工过程中保护中心孔
			3. 用顶尖定位时，因顶尖或中心孔制造不良，使定位面接触不好造成偏心	提高顶尖及中心孔制造质量，并在加工过程中保护中心孔

续表

影响因素	滚齿误差		主要原因	采取的措施
影响传递运动准确性	齿距累积误差超差	公法线长度变动量超差 F_w	1. 滚齿机分度蜗轮精度过低 2. 滚齿机工作台圆形导轨磨损 3. 分度蜗轮与工作台圆形导轨不同轴	• 提高机床分度蜗轮精度 • 采用滚齿机校正机构 • 修刮导轨,并以其为基准精滚(或珩)分度蜗轮
影响传递运动的平稳、噪声、振动	齿形误差超差	齿形变肥或变瘦,且左右齿形对称	1. 滚刀齿形角误差 2. 前面刃磨产生较大的前角	更换滚刀或重磨前刀面
		一边齿顶变肥,另一边齿顶变瘦,齿形不对称	1. 刃磨时产生导程误差或直槽滚刀非轴向性误差 2. 刀对中不好	• 误差较小时,重调刀架转角 • 重新调整滚刀刀齿,使它和齿坯中心对中
		齿面上个别点凸出或凹进	滚刀容屑槽槽距误差	重磨滚刀前面
		齿形面误差近似正弦分布的短周期误差	1. 刀杆径向圆跳动太大 2. 滚刀和刀轴间隙大 3. 滚刀分度圆柱对内孔轴心线径向圆跳动误差	• 找正刀杆径向圆跳动 • 找正滚刀径向圆跳动 • 重磨滚刀前面
		齿形一侧齿顶多切,另一侧齿根多切呈正弦分布	1. 滚刀轴向齿距误差 2. 滚刀端面与孔轴线不垂直 3. 垫圈两端面不平行	• 防止刀杆轴向窜动 • 找正滚刀偏摆,转动滚刀或刀杆加垫圈 • 重磨垫圈两端面
		基圆齿距偏差超差 f_{pb}	1. 滚刀轴向齿距误差 2. 滚刀齿形角误差 3. 机床蜗杆副齿距误差过大	• 提高滚刀铲磨精度(齿距齿形角) • 更换滚刀或重磨前面 • 检修滚齿机或更换蜗杆副
载荷分布均匀性	齿向误差超差		1. 机床几何精度低或使用磨损(立柱导轨、顶尖、工作台水平性等)	定期检修几何精度
			2. 夹具制造、安装、调整精度低	提高夹具的制造和安装精度

续表

影响因素	滚齿误差	主要原因	采取的措施
载荷分布均匀性	齿向误差超差	3. 齿坯制造、安装、调整精度低	提高齿坯精度
	表面粗糙度差	1. 滚刀因素 2. 滚刀刃磨质量差 3. 滚刀径向圆跳动量大 4. 滚刀磨损 5. 滚刀未固紧而产生振动 6. 辅助轴承支承不好	• 选用合格滚刀或重新刃磨 • 重新校正滚刀 • 刃磨滚刀 • 紧固滚刀 • 调整间隙
		切削用量选择不当	合格选择切削用量
		切削挤压引起	增加切削液的流量或采用顺铣加工
		齿坯刚性不好或没有夹紧，加工时产生振动	选用小的切削用量，或夹紧齿坯，提高齿坯刚性
		1. 机床有间隙，工作台蜗杆副有间隙 2. 滚刀轴向窜动和径向圆跳动大 3. 刀架导轨与刀架间有间隙 4. 进给丝杠有间隙	检修机床，消除间隙

3）滚齿加工刀具

（1）齿轮滚刀的形成。齿轮滚刀是依照螺旋齿轮副啮合原理，用展成法切削齿轮的刀具，齿轮滚刀相当于小齿轮，被切齿轮相当于一个大齿轮，如图 8-3 所示。齿轮滚刀是一个螺旋角 β_0 很大而螺纹头数很少（1～3 个齿），齿很长，并能绕滚刀分度圆柱很多圈的螺旋齿轮，这样就像螺旋升角 γ_z 很小的蜗杆了。为了形成刀刃，在蜗杆端面沿着轴线铣出几条容屑槽，以形成前刀面及前角；经铲齿和铲磨，形成后刀面及后角，如图 8-4 所示。

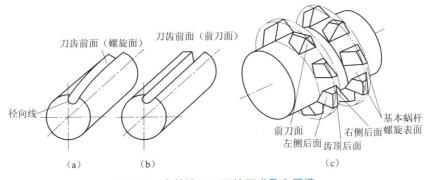

图 8-4 齿轮滚刀刀刃的形成及容屑槽

(a) 螺旋槽；(b) 直槽；(c) 滚刀的基本蜗杆及各刀面

（2）滚刀的基本蜗杆。齿轮滚刀的两侧刀刃是前面与侧铲表面的交线，它应当分布在蜗杆螺旋表面上，这个蜗杆称为滚刀的基本蜗杆。基本蜗杆有以下三种：

① 渐开线蜗杆。渐开线蜗杆的螺纹齿侧面是渐开螺旋面，与基圆柱相切的任意平面和渐开螺旋面的交线是一条直线，其端剖面是渐开线。渐开线蜗杆轴向剖面与渐开螺旋面的交线是曲线。用这种基本蜗杆制造的滚刀，没有齿形设计误差，切削的齿轮精度高。然而制造滚刀困难。

② 阿基米德蜗杆。阿基米德蜗杆的螺旋齿侧面是阿基米德螺旋面。通过蜗杆轴线剖面与阿基米德蜗螺旋面的交线是直线，其他剖面都是曲线，其端剖面是阿基米德螺旋线。用这种基本蜗杆制成的滚刀，制造与检验滚刀齿形均比渐开线蜗杆简单方便。但有微量的齿形误差，不过这种误差在允许的范围之内，为此，生产中大多数精加工滚刀的基本蜗杆均用阿基米德蜗杆代替渐开线蜗杆。用阿基米德蜗杆代替渐开线基本蜗杆作滚刀，切制的齿轮齿形存在着一定误差，这种误差称为齿形误差。由基本蜗杆的性质可知，渐开线基本蜗杆轴向剖面是曲线齿形，而阿基米德基本蜗杆轴向剖面是直线齿形。为了减少造型误差，应使基本蜗杆的轴向剖面直线齿形与渐开线基本蜗杆轴向剖面的理论齿形在分度圆处相切。

③ 法向直廓蜗杆。法向直廓蜗杆法剖面内的齿形是直线，端剖面为延长渐开线。用这种基本蜗杆代替渐开线基本蜗杆作滚刀，其齿形设计误差大，故一般作为大模数、多头和粗加工滚刀使用。

（二）插齿加工

1）插齿原理

从插齿原理上分析，插齿刀与工件相当于一对平行轴的圆柱直齿轮啮合，如图 8-5 所示。

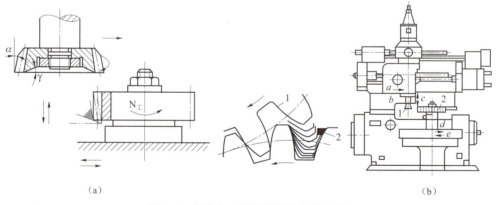

图 8-5 插齿加工原理及插齿机外形图

2）插齿加工的主要运动

如图 8-5 所示，插齿加工的主要运动有：

切削运动：即插齿刀的上下往复运动。

分齿展成运动：插齿刀与工件间应保证正确的啮合关系。插齿刀每往复一次，工件相对刀具在分度圆上转过的弧长为加工时的圆周进给运动。

径向进给运动：插齿时，为逐步切至全齿深，插齿刀应该有径向进给运动。

让刀运动：插齿刀做上下往复运动时，向下是工作行程。为了避免刀具擦伤已加工的齿面并减少刀齿的磨损，在插齿刀向上运动时，工作台带动工件退出切削区一段距离，插齿刀工作行程时，工件恢复原位。

3）插齿加工质量分析

（1）传动准确性。齿坯安装时的几何偏心使工件产生径向位移使得齿圈径向跳动；工作台分度蜗轮的运动偏心使工件产生切向位移，造成公法线长度变动；插齿刀的制造齿距累积误差和安装误差，也会造成插齿的公法线变动。

（2）传动平稳性。插齿刀设计时没有近似误差，所以插齿的齿形误差比滚齿小。

（3）载荷均匀性。机床刀架刀轨对工作台回转中心的平行度造成工件产生齿向误差；插齿刀的上下往复频繁运动使刀轨磨损，加上刀具刚性差，因此插齿的齿向误差比滚齿大。

（4）表面粗糙度。插齿后的表面粗糙度比滚齿小，这是因为插齿过程中包络齿面的切削刃数较多。

4）提高插齿生产率的措施

（1）高速插齿。为了缩短作业时间，可增加插齿刀每分钟的往复次数来高速插齿。现有高速插齿机的往复运动可以达到1 000次/分钟，有的已经达到1 800次/分钟。

（2）提高插齿刀耐用度。改进刀具材料或刀具集合参数都能提高刀具耐用度。

（3）提高圆周进给量。提高圆周进给量能减少作业时间，但齿面粗糙度增大，加上插齿回程时的让刀量增大，容易引起振动，因此应将粗精加工分开。

5）插齿的应用范围

插齿应用范围广泛，它能加工内外啮合齿轮、扇形齿轮齿条及斜齿轮等，但是加工齿条需要附加齿条夹具，并在插齿机上开洞；加工斜齿轮需要螺旋刀轨。所以插齿适合于加工模数较少、齿宽较小、工作平稳性要求较高且运动精度要求不高的齿轮。

6）插齿加工刀具

插齿是利用一对轴线相互平行的圆柱齿轮的啮合原理进行加工的。插齿刀的外形像一个齿轮，在每一个齿上磨出前角和后角以形成刀刃，切削时刀具作上下往复运动，从工件上切下切屑。为了保证在齿坯上切出渐开线的齿形，在刀具作上下往复运动时，机床内部的传动系统强制要求刀具和被加工齿轮之间保持着一对渐开线齿轮的啮合传动关系。在刀具的切削运动和刀具与工件之间的啮合运动的共同作用下，工件齿槽部位的金属被逐步切去而形成渐开线齿形。

（三）剃齿加工

1）剃齿原理

剃齿是根据一对轴线交叉的斜齿轮啮合时，沿齿向有相对滑动而建立的一种加工方法，如图8-6所示。剃齿刀与工件间有一夹角Σ，$\Sigma = \beta_g \pm \beta_d$，$\beta_g$、$\beta_d$ 分别为齿轮和剃齿刀的分度圆螺旋角。

工件与刀具螺旋方向相同时为"+"，相反时为"−"。比如用一把右旋剃齿刀剃削一左旋齿轮的情况下，$\Sigma = \beta_g - \beta_d$，剃齿时剃齿刀作高速回转并带动工件一起回转。在啮合点 P，剃齿刀圆周速度为 v_0，工件的圆周速度为 v_w，它们都可以分解为垂直螺旋线齿面的法向分

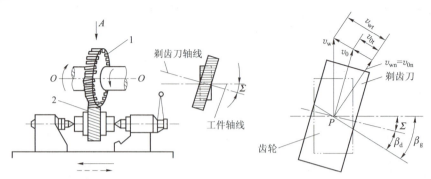

图 8-6 剃齿加工原理

量和螺旋面的切向分量。因为啮合点处的法向分量必须相等,而两个切向分量却不相等,因而产生相对滑动。由于剃齿刀齿面开有小槽,就产生了切削作用,相对滑动速度就成了切削速度。

剃齿时,剃齿刀和齿轮是无侧隙双面啮合,剃齿刀刀齿的两侧面都能进行切削。当工件旋向不同或剃齿刀正反转时,刀齿两侧切削刃的切削速度是不同的。为了使齿轮的两侧都能获得较好的剃削质量,剃齿刀在剃齿过程中应交替的进行正反转动。

2)剃齿质量分析

剃齿是一种利用剃齿刀与被剃齿轮作自由啮合进行展成加工的方法,剃齿刀与齿轮间没有强制性的啮合运动,所以对齿轮传递运动的准确性精度提高不大,但传动的平稳性和接触精度有较大的提高,齿轮表面粗糙度值明显减小。

剃齿是在滚齿之后对未淬硬齿轮的齿形进行精加工的一种常用方法。由于剃齿的质量较好、生产率高、所用机床简单、调整方便、剃齿刀耐用度高,所以汽车、拖拉机和机床中的齿轮多用这种加工方法进行精加工。

目前我国剃齿加工中最常用的方法是平行剃齿法,它最主要的缺点是刀具利用率不高,局部磨损使刀具利用寿命低;另一缺点是剃齿时间长,生产率低。为此,大力发展了对角剃齿、横向剃齿和径向剃齿等方法。

近年来,由于含钴、钼成分较高的高性能高速钢刀具的应用,使剃齿也能进行硬齿面的齿轮精加工。加工精度可达 7 级,齿面的表面粗糙度值 Ra 为 $0.8\sim1.6~\mu m$。但淬硬前的精度应提高一级,留硬剃余量为 $0.01\sim0.03~mm$。

3)剃齿工艺中的几个问题

(1)剃齿齿轮的材料。剃齿齿轮硬度在 22～32 HRC 范围时,剃齿刀校正误差能力最好,如果齿轮材质不均匀,含杂质过多或韧性过大会引起剃齿刀滑刀或啃刀,最终影响剃齿的齿形及表面粗糙度。

(2)剃齿齿轮的精度。剃齿是齿形的精加工方法,因此剃齿前的齿轮应有较高的精度,通常剃齿后的精度只能比剃齿前提高一级。

(3)剃齿余量。剃齿余量的大小,对剃齿质量和生产率均有较大影响。余量不足时,剃前误差及表面缺陷不能全部除去;余量过大,则剃齿效率低,刀具磨损快,剃齿质量反而下降。选取剃齿余量时,可参考相关标准。

(4) 剃齿齿形加工时的刀具。剃齿时，为了减轻剃齿刀齿顶负荷，避免刀尖折断，剃前在齿跟处挖掉一块。齿顶处希望能有一修缘，这不仅对工作平稳性有利，而且可使剃齿后的工件沿外圆不产生毛刺。

此外，合理的确定切削用量和正确的操作也十分重要。

（四）珩齿加工

1）珩齿原理及特点

珩齿是热处理后的一种光整加工方法。珩齿的运动关系和所用机床与剃齿相似，珩轮与工件是一对斜齿轮副无侧隙的自由紧密啮合，所不同的是珩齿所用刀具是含有磨料、环氧树脂等原料混合后在铁芯上浇铸而成的塑料齿轮。切削是在珩轮与被加工齿轮的"自由啮合"过程中，靠齿面间的压力和相对滑动来进行的。如图 8-7 所示。

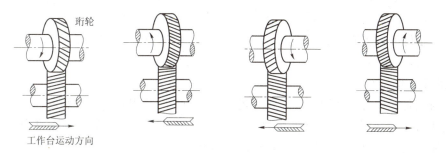

图 8-7　珩齿加工原理与相对运动

珩齿的运动与剃齿基本相同，即珩轮带动工件高速正反转；工件沿轴向往复运动及工件的径向进给运动。所不同的是其径向进给是在开车后一次进给到预定位置。因此，珩齿开始时齿面压力较大，随后逐渐减小，直至压力消失时珩齿便结束。

珩齿的特点如下：

(1) 珩齿后表面质量较好。珩齿速度一般是 1～3 m/s，比普通磨削速度低，磨粒粒度又小，结合剂弹性较大，珩齿过程实际上是低速磨削、研磨和抛光的综合过程，齿面不会产生烧伤和裂纹，所以珩齿后齿的表面质量较好。

(2) 珩齿后的表面粗糙度值减小。珩轮齿面上均匀密布着磨粒，珩齿后齿面切削痕迹很细，磨粒不仅在齿面产生滑动而切削，而且沿渐开线切线方向亦具有切削作用，从而在齿面上产生交叉网纹，使齿面的表面粗糙度值明显减小。

(3) 珩齿修正误差能力低。珩齿与剃齿的运动关系基本相同，由于珩轮本身有一定的弹性，不会全部复映到齿轮上，所以珩轮本身精度一般都不高，但对珩前齿轮的精度则要求高。

2）珩齿方法

珩齿方法有外啮合珩齿、内啮合珩齿和蜗杆状珩磨轮珩齿三种，如图 8-8 所示。

3）珩齿的应用

因为珩齿修正误差能力差，因而珩齿主要用于去除热处理后齿面上的氧化皮及毛刺，可使表面粗糙度 Ra 值从 1.6 μm 左右降到 0.4 μm 以下，为了保证齿轮的精度要求，必须提高珩前的加工精度和减少热处理变形。因此，珩前加工多采用剃齿。如磨齿后需要进一步降低

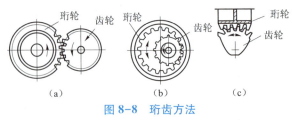

图 8-8 珩齿方法

(a) 外啮合珩齿；(b) 内啮合珩齿；(c) 蜗杆状珩磨轮珩齿

表面粗糙度值，也可以采用珩齿，使齿面的表面粗糙度 Ra 值达到 0.1 μm。

珩齿的轴交角常取 15°。珩齿余量很小，一般珩前为剃齿时，常取 0.01~0.02 mm；珩前为磨齿时，取 0.003~0.005 mm。

由于珩齿具有齿面的表面粗糙度值小、效率高、成本低、设备简单及操作方便等优点，因此是一种很好的齿轮光整加工方法，一般可加工 6~8 级精度的齿轮。

（五）挤齿（冷挤）

1）挤齿原理

冷挤齿轮是一种齿轮无切削加工新工艺，有一些工厂已用它来代替剃齿，齿轮冷挤过程是挤轮与工件之间在一定压力下按无侧隙啮合的自由对滚过程，是按展成原理的无切削加工。挤轮实质上是一个高精度的圆柱齿轮，有的挤轮还有一定的变位量，挤轮与齿轮轴线平行旋转。挤轮宽度大于被挤齿轮宽度，所以在挤齿过程中只需要径向进给，无需轴向进给。挤轮的连续径向进给对工件施加压力，使工件齿廓表层金属产生塑性变形，以修正齿轮误差和提高表面质量。

制造挤轮的材料要有一定的强度和耐磨性，可用铬锰钢或高速钢制造。为了防止工件与挤轮齿面的黏结，在冷挤过程中要加硫化油来润滑，这样既可使冷挤后齿面的表面粗糙度值减小，又可以提高挤轮的耐用度。

2）挤齿特点

挤齿与剃齿一样，均为齿轮淬火前的齿形精加工，与剃齿相比，挤齿有以下特点：

（1）生产率高。压力足够时，对中等尺寸的齿轮一般只需 5 s 左右就可以将齿轮挤到规定尺寸，再精整到 20 s 左右即成成品，而剃齿则需 2~4 min。挤齿余量比剃齿小，而且挤齿前滚齿或插齿的齿面粗糙度要求可比剃齿低一些，因而可以增大滚或插的进给量，使生产率提高 30% 以上。

（2）精度高。挤齿可以使齿轮精度达到 6 级甚至更高。剃齿机的运动部分多，刚性差，机床调整时间长，而挤齿只有单纯的径向进给，机床传动系统简单，刚性好，机床调整方便且精度稳定。

（3）齿面的表面粗糙度值小。挤齿时工件的余量被碾压平整，所以有些表面缺陷和刮伤等容易被填平。挤齿的表面粗糙度值达到 0.04~0.1 μm。

（4）挤轮寿命长且成本低。一般挤轮不开槽，结构简单，成本低，而且寿命比剃齿刀长很多。一般挤轮可以加工上万个齿轮。

（5）被挤齿轮使用寿命长。

（6）挤多联齿轮时不受限制。

（六）磨齿

1）磨齿原理

磨齿是齿形加工中加工精度最高的一种方法。对于淬硬的齿面，要纠正热处理变形，获得高精度齿廓，磨齿是目前最常用的加工方法。

磨齿使用强制性的传动链，因此它的加工精度不直接决定于毛坯精度。磨齿可使齿轮精度最高达到3～4级，表面粗糙度 Ra 值可以达到 $0.8 \sim 0.2\ \mu m$，但加工成本高、生产率较低。

2）磨齿方法

磨齿方法很多，根据磨齿原理的不同可以分为成形法和展成法两类。成形法是一种利用成形砂轮磨齿的方法，目前生产中应用较少，但它已经成为磨削内齿轮和特殊齿轮时必须采用的方法。展成法主要是利用齿轮与齿条啮合原理进行加工的方法，这种方法是将砂轮的工作面构成假象齿条的单侧或双侧齿面，在砂轮与工件的啮合运动中，砂轮的磨削平面包络出渐开线齿面。下面介绍展成法磨齿的几种方法：

（1）双片蝶形砂轮磨齿。如图8-9所示，两片蝶形砂轮倾斜安装后，就构成假象齿条的两个齿面。磨齿时，砂轮在原位以 n_0 高速旋转；展成运动——工件的往复移动 v 和相应的正反转动 w 是通过滑座7和滚圆盘3钢带4实现。工件通过工作台1实现轴向的慢速进给运动 F 以磨出全齿宽。当一个齿槽的两侧齿面磨完后，工件快速退离砂轮，经分度机构分齿后，再进入下一个齿槽反向进给磨齿。

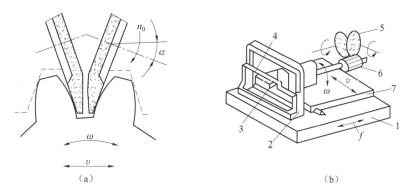

图8-9 双片蝶形砂轮磨齿

（a）磨齿原理图；（b）磨齿机构简图

1—工作台；2—框架；3—滚圆盘；4—钢带；5—砂轮；6—工件；7—滑座

这种磨齿方法中展成运动传动环节少，传动运动精度高，是磨齿机精度最高的一种，加工精度可达4级。但由于蝶形砂轮刚性较差，每次进给磨去的余量很少，所以生产率较低。

（2）锥形砂轮磨齿。由图8-10可以看出，这种磨齿方法所用砂轮的齿形相当于假象齿条的一个齿廓，砂轮一边以高速旋转，一边沿齿宽方向作往复移动，工件放在与假象齿条相啮合的位置，一边旋转，一边移动，实现展成运动。磨完一个齿后，工件还需作分度运动，以便磨削另一个齿槽，直至磨完全部轮齿。

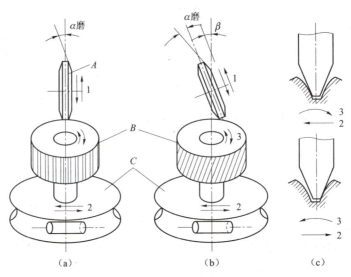

图 8-10　单片锥形砂轮磨齿机工作原理

(a) 加工直齿；(b) 加工斜齿；(c) 加工过程

采用这种磨齿方法磨齿时，形成展成运动的机床传动链较长，结构复杂，故传动误差较大，磨齿精度较低，一般只能达到 5～6 级。

(3) 蜗杆砂轮磨齿。如图 8-11 所示，这是新发展起来的连续分度磨齿机，加工原理和滚齿相似，只是相当于将滚刀换成蜗杆砂轮。砂轮的转速很高，一般为 2 000 r/min。砂轮转一周，齿轮转过一个齿，工件转速也很高，而且可以连续磨齿，因此，磨齿效率很高，一般磨削一个齿轮仅需几分钟。磨齿精度比较高，一般可以达到 5～6 级。

(4) 大平面砂轮磨齿。如图 8-12 所示，是用大平面砂轮端面磨齿的方法。一般砂轮直径达到 400～800 mm，磨齿时不需要沿齿槽方向的进给运动。磨齿的展成运动由两种方式实现：一种是采用滚圆盘钢带机构，另一种是用精密渐开线凸轮。采用渐开线凸轮磨齿时，砂轮的工作端面垂直放置，它相当于假象齿条的单侧齿面。

图 8-11　蜗杆砂轮磨齿

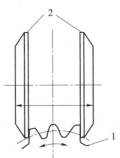

图 8-12　大平面砂轮磨齿

1—齿轮；2—大平面砂轮

大平面砂轮磨齿是目前精度最高的磨齿机，由于它的展成运动和分度运动的传动链短，又没有砂轮与工件间的轴向运动，因此机床结构简单，可以磨出 3～4 级精度的齿轮。但是因为它没有轴向运动,因此只能磨削齿宽较窄的齿轮。

三、齿形加工方案的选择

齿形加工方案的选择,主要取决于齿轮的精度等级、结构形状、生产类型和齿轮的热处理方法及生产工厂的现有条件。对于不同精度等级的齿轮,常用的齿形加工方案如下:

(1) 8级或8级精度以下的齿轮加工方案。对于不淬硬的齿轮用滚齿或插齿即可满足加工要求;对于淬硬齿轮可采用滚(插)齿—齿端加工—齿面热处理—修正内孔的加工方案。热处理前的齿形加工精度应比图样要求提高一级。

(2) 6~7级精度的齿轮。对于淬硬齿面的齿轮可以采用滚(插)齿—齿端加工—表面淬火—校正基准—磨齿,这种方案加工精度稳定;也可以采用滚(插)齿—剃齿或冷挤—表面淬火—校正基准—内啮合珩齿的加工方案,此方案加工精度稳定,生产率高。

(3) 5级精度以上的齿轮。一般采用粗滚齿—精滚齿—表面淬火—校正基准—粗磨齿—精磨齿的加工方案。大批量生产时也可采用粗磨齿—精磨齿—表面淬火—校正基准—磨削外珩自动线的加工方案。这种加工方案的齿轮精度可稳定在5级以上,且齿面加工纹理错综复杂,噪声极低,是品质极高的齿轮。

选择圆柱齿轮齿形加工方案可参考表8-5。

表8-5 圆柱齿轮齿形加工方法和加工精度

类型	不淬火齿轮					淬火齿轮			
精度等级	3	4	5	6	7	3~4	5	6	7
表面粗糙度 Ra 值/μm	0.2~0.1	0.4~0.2	0.8~0.4		1.6~0.8	0.4~0.1	0.4~0.2	0.8~0.4	1.6~0.8
滚齿或插齿	●	●	●	●	●	●	●	●	●
剃齿			●		●		●	●	
挤齿				●	●			●	●
珩齿							●	●	●
粗磨齿	●	●	●	●		●	●		●
精磨齿	●	●	●			●			

8.3 任务实施

8.3.1 齿轮加工工艺过程设计分析

一、圆柱齿轮加工工艺过程的内容和要求

圆柱齿轮的加工工艺过程一般应包括以下内容:齿轮毛坯加工、齿面加工、热处理工艺及齿面的精加工。在编制工艺过程中，常因齿轮结构、精度等级、生产批量和生产环境的不同，而采取各种不同的工艺方案。

本单元给定的任务是一直齿圆柱齿轮的简图，编制该齿轮加工工艺过程大致可以划分如下几个阶段：

（1）齿轮毛坯的形成：锻件、棒料或铸件；

（2）粗加工：切除较多的余量；

（3）半精加工：车、滚、插齿；

（4）热处理：调质、渗碳淬火、齿面高频感应加热淬火等；

（5）精加工：精修基准、精加工齿形。

二、齿轮加工工艺过程分析

（一）基准的选择

齿轮加工基准的选择常因齿轮的结构形状不同而有所差异。带轴齿轮主要采用顶点孔定位；对于空心轴，则在中心内孔钻出后，用两端孔口的斜面定位；孔径大时则采用锥堵。顶点定位的精度高，且能做到基准重合和统一。对带孔齿轮在齿面加工时常采用以下两种定位、夹紧方式。

（1）以内孔和端面定位。这种定位方式是以工件内孔定位确定定位位置，再以端面作为轴向定位基准，并对着端面夹紧。这样可使定位基准、设计基准、装配基准和测量基准重合，定位精度高，适合于批量生产，但对于夹具的制造精度要求较高。

（2）以外圆和端面定位。当工件和夹具心轴的配合间隙较大时，采用千分表校正外圆以确定中心的位置，并以端面进行轴向定位，从另一端面夹紧。这种定位方式因每个工件都要校正，故生产率低；同时对齿坯的内、外圆同轴度要求高，而对夹具精度要求不高，故适用于单件、小批生产。

综上所述，为了减少定位误差，提高齿轮加工精度，在加工时应满足以下要求：

① 应选择基准重合、统一的定位方式；

② 内孔定位时，配合间隙应尽可能减小；

③ 定位端面与定位孔或外圆应在一次装夹中加工出来，以保证垂直度要求。

（二）齿轮毛坯的加工

齿面加工前的齿轮毛坯加工，在整个齿轮加工过程中占有很重要的地位。因为齿面加工和检测所用的基准必须在此阶段加工出来，同时齿坯加工所占工时的比例较大，无论从提高生产率，还是从保证齿轮的加工质量，都必须重视齿轮毛坯的加工。

在齿轮图样的技术要求中，如果规定以分度圆选齿厚的减薄量来测定齿侧间隙时，应注意齿顶圆的精度要求，因为齿厚的检测是以齿顶圆为测量基准的。齿顶圆精度太低，必然使测量出的齿厚无法正确反映出齿侧间隙的大小，所以在这一加工过程中应注意以下三个问题：

（1）当以齿顶圆作为测量基准时，应严格控制齿顶圆的尺寸精度；

（2）保证定位端面和定位孔或外圆间的垂直度；

（3）提高齿轮内孔的制造精度，减小与夹具心轴的配合间隙。

(三) 齿形及齿端加工

齿形加工是齿轮加工的关键,其方案的选择取决于多方面的因素,如设备条件、齿轮精度等级、表面粗糙度及硬度等。常用的齿形加工方案在上节已有讲解,在此不再叙述。

齿轮的齿端加工有倒圆、倒尖、倒棱和去毛刺等方式,如图 8-13 所示。经倒圆、倒尖后的齿轮在换挡时容易进入啮合状态,减少撞击现象。倒棱可除去齿端尖角和毛刺。图 8-14 是用指状铣刀对齿端进行倒圆的加工示意图。倒圆时,铣刀高速旋转,并沿圆弧作摆动,加工完一个齿后,工件退离铣刀,经分度再快速向铣刀靠近加工下一个齿的齿端。

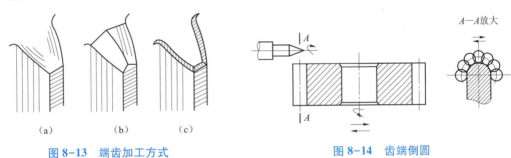

图 8-13　端齿加工方式　　　　　图 8-14　齿端倒圆
(a) 倒圆;(b) 倒尖;(c) 倒棱

齿端加工必须在淬火之前进行,通常都在滚(插)齿之后,剃齿之前安排齿端加工。

(四) 齿轮加工过程中的热处理要求

在齿轮加工工艺过程中,热处理工序的位置安排十分重要,它直接影响齿轮的力学性能及切削加工性。一般在齿轮加工中进行两种热处理工序,即毛坯热处理和齿形热处理。

三、常用齿轮刀具及选用

(一) 齿轮刀具的分类

齿轮刀具是用于加工齿轮齿形的刀具,由于齿轮的种类很多,其生产批量和质量的要求以及加工方法又各不相同,所以齿轮刀具的种类也很多,通常按下列方法来分类:

1) 按照加工的齿轮类型分类

按照加工的齿轮类型来分,有以下三类刀具:

(1) 圆柱齿轮刀具。分为渐开线圆柱齿轮刀具(盘形齿轮铣刀、指形齿轮铣刀、齿轮滚刀、插齿刀和剃齿刀等)和非渐开线圆柱齿轮刀具(圆弧齿轮滚刀、摆线齿轮滚刀和花键滚刀等)。

(2) 蜗轮刀具。有蜗轮滚刀、蜗轮飞刀等。

(3) 锥齿轮刀具。

2) 按刀具的工作原理分类

(1) 成形齿轮刀具。这类刀具的切削刃廓形与被加工齿轮端剖面内的槽形相同,如盘形齿轮铣刀、指状齿轮铣刀等。

(2) 展成齿轮刀具。这类刀具加工齿轮时,刀具本身就是一个齿轮,它和被加工齿轮各自按啮合关系要求的速比转动,而由刀具齿形包络出齿轮的齿形。如齿轮滚刀、插齿刀、剃齿刀等。

（二）盘形齿轮铣刀

盘形齿轮铣刀有与被加工齿轮齿槽方向截面相同的刀具齿形，如图 8-15 所示。在加工齿轮时，铣刀利用相同的齿形在齿坯上加工出齿面。成形铣削齿轮一般在普通铣床上进行。

常用的成形法齿轮加工刀具有盘形齿轮铣刀和指状铣刀，后者适用于加工大模数（$m=8\sim40$）的直齿、斜齿齿轮，特别是人字齿轮。采用成形法加工齿轮时，齿轮的齿廓形状精度由齿轮铣刀刀刃的形状来保证。标准的渐开线齿轮的齿廓形状是由该齿轮的模数和齿数决定的。要加工出准确的齿形，对同一模数的每一种齿数都要使用一把不同的刀具，这显然是难以实现的。在实际生产中是将同一模数的齿轮铣刀按其加工的齿数通常分为 8 组，每一组内不同齿数的齿轮都用同一把铣刀加工，分组见表 8-6。

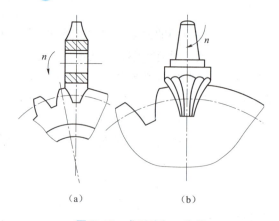

图 8-15　成形法加工齿轮

(a) 模数盘铣刀；(b) 指状铣刀

表 8-6　盘铣刀的编号

刀　号	1	2	3	4	5	6	7	8
加工齿数范围	12-13	14-16	17-20	21-25	26-34	35-54	55-134	135 以上

（三）插齿刀

插齿刀的形状很像齿轮，直齿插齿刀像直齿齿轮，斜齿插齿刀像斜齿齿轮。根据机械工业颁布的刀具标准 JB 2496—1978 规定，直齿插齿刀分为三种结构形式。

（1）盘形直齿插齿刀。如图 8-16（a）所示，这是最常用的一种结构形式，用于加工直齿外齿轮和大直径的内齿轮，不同规范的插齿机应选用不同分圆直径的插齿刀。

（2）碗形直齿插齿刀。它以内孔和端面定位，夹紧螺母可容纳在刀体内，主要用于加工多联齿轮和带凸肩的齿轮，如图 8-16（b）所示。

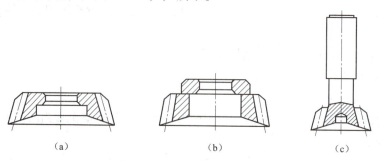

图 8-16　插齿刀的三种标准型式

(a) 盘形直齿插齿刀；(b) 碗形直齿插齿刀；(c) 锥柄直齿插齿刀

（3）锥柄直齿插齿刀。这种插齿刀的公称分圆直径有 25 mm 和 38 mm 两种。因直径较小，不能做成套装式，所以做成带有锥柄的整体结构形式，如图 8-16（c）所示。这种插齿刀主要用于加工内齿轮。

插齿刀有三个精度等级：AA 级适用于加工 6 级精度齿轮；A 级适用于加工 7 级精度的齿轮；B 级适用于加工 8 级精度的齿轮。应该根据被加工齿轮的传动平稳性精度等级选取。

（四）滚齿刀

齿轮滚刀一般是指加工渐开线齿轮所用的滚刀，是按螺旋齿轮啮合原理加工齿轮的。由于被加工齿轮是渐开线齿轮，所以它本身也应具有渐开线齿轮的几何特性。

齿轮滚刀从其外貌看并不像齿轮，实际上它是仅有一个齿（或二、三个齿），但齿很长而螺旋角又很大的斜齿圆柱齿轮，正因为它的齿很长而螺旋角又很大，可以绕滚刀轴线转好几圈，因此，从外貌上看，它很像一个蜗杆，如图 8-4 所示。为了使这个蜗杆能起切削作用，须沿其长度方向开出好多容屑槽，因此把蜗杆上的螺纹割成许多较短的刀齿，并产生了前刀面和切削刃。每个刀齿有一个顶刃和两个侧刃，为了使刀齿有后角，还要用铲齿方法铲出侧后面和顶后刀面。但是各个刀齿的切削刃必须位于这个相当于斜齿圆柱齿轮的蜗杆的螺纹表面上，因此这个蜗杆就称为滚刀的基本蜗杆。

标准齿轮滚刀精度分为四级：AA、A、B、C。加工时按照齿轮精度的要求，选用相应的齿轮滚刀。AA 级滚刀可以加工 6～7 级齿轮；A 级可以加工 7～8 级齿轮；B 级可加工 8～9 级齿轮；C 级可加工 9～10 级齿轮。

8.3.2 编制圆柱齿轮的加工工艺过程

现在完成本单元给定的任务。经过分析该齿轮的加工工艺过程如表 8-7 所示。

表 8-7 齿轮的机械加工工艺过程

工序号	工序名称	工序内容	设 备
1	锻造	锻造毛坯	
2	热处理	正火	
3	车	粗车外圆各部，均留加工余量 1.5 mm	车床
		精车各部，内孔至 g184.8H7	
4	滚齿	滚齿加工	滚齿机
5	倒角	倒圆轮齿端面	
6	插键槽	加工键槽	插床
7	钳	去毛刺	
8	热处理	热处理齿部：C52	
9	磨	靠磨大端面 A	磨床
10	磨	磨削 B 面总长至尺寸	磨床
11	磨	磨内孔至尺寸	磨床

续表

工序号	工序名称	工序内容	设备
12	磨齿	磨齿轮各齿	齿轮磨床
13	检验		

请同学们按照上述工艺过程，填写工艺文件。

企业专家点评：

中国第二重型机械集团公司高级工程师张跃平：齿轮加工包含齿坯加工和齿形加工，齿坯加工类似于套类零件的加工，主要保证齿顶外圆与孔的同轴度、齿顶外圆对轴线的跳动等；齿形加工要采用专用的齿轮加工机床，正确选用加工方法和加工方案、合理设计加工工艺过程是非常重要的。

复习与思考题

1. 简述齿轮的技术要求。
2. 简述齿轮常用的毛坯、材料及热处理方式。
3. 简述齿轮加工的一般工艺路线。
4. 简述齿坯加工的常用方案。
5. 简述齿形机械加工的常用方案。
6. 齿轮加工精度共有几级，各级的用途。
7. 简述6～7级精度淬硬齿轮的加工方案。
8. 简述单件小批生产5级精度以上的齿轮一般采用的加工方案。
9. 简述对于不淬硬的7级精度齿轮一般采用的加工方案。
10. 齿轮加工中安排的两种热处理工序及其目的。
11. 简述齿轮滚刀和滚齿机的要求和特点。
12. 简述滚齿加工原理与工艺特点。
13. 简述插齿加工原理与工艺特点。
14. 简述剃齿加工原理与工艺特点。
15. 简述珩齿加工原理与工艺特点。
16. 简述磨齿加工原理与工艺特点。

教学单元 9
数控车削加工工艺设计

9.1 任务引入

如图 9-1 和图 9-2 所示零件，分析其结构可以发现它们属于回转体零件，而且具有球面和圆弧沟槽。如果采用传统的普通车削加工来完成零件的制造，难以保证成形面的精度且加工难度大，因此实际生产中通常采用数控车削加工来完成。本单元的主要任务就是设计数控车削加工工艺，为数控加工编程提供基础。

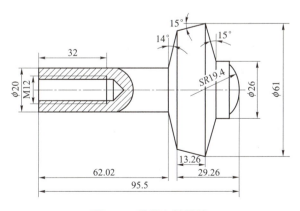

图 9-1 模具心轴零件

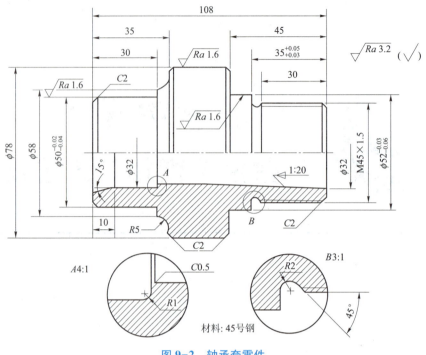

图 9-2 轴承套零件

9.2 相关知识

9.2.1 零件分析

一、分析几何元素的给定条件是否充分

由于设计等多方面的原因,在图样上可能出现构成加工轮廓的条件不充分、尺寸模糊不清及尺寸封闭缺陷,增加了编程工作的难度,有的甚至无法编程。

二、精度及技术要求

精度及技术要求分析的主要内容是:要求是否齐全、是否合理;本工序的数控车削精度能否达到图样要求,若达不到,需采取其他措施(如磨削)弥补的话,则应给后续工序留有余量;有位置精度要求的表面应在一次安装下完成;表面粗糙度要求较高的表面,应确定用恒线速度切削。

三、加工方案的确定

一般根据零件的加工精度、表面粗糙度、材料、结构形状、尺寸及生产类型确定零件表面的数控车削加工方法及加工方案。

数控车削内回转表面的加工方案确定:

（1）加工精度为 IT8～IT9 级、$Ra1.6～3.2\ \mu m$ 的除淬火钢以外的常用金属，可采用普通型数控车床，按粗车、半精车、精车的方案加工；

（2）加工精度为 IT6～IT7 级、$Ra0.2～0.63\ \mu m$ 的除淬火钢以外的常用金属，可采用精密型数控车床，按粗车、半精车、精车、细车的方案加工；

（3）加工精度为 IT5 级、$Ra<0.2\ \mu m$ 的除淬火钢以外的常用金属，可采用高档精密型数控车床，按粗车、半精车、精车、精密车的方案加工。

9.2.2 数控车削工序的划分

一、数控车削加工工序的划分

对于需要多台不同的数控机床、多道工序才能完成加工的零件，工序划分自然以机床为单位来进行。而对于需要很少的数控机床就能加工完零件全部内容的情况，数控加工工序的划分一般可按下列方法进行：

（1）以一次安装所进行的加工作为一道工序。将位置精度要求较高的表面安排在一次安装下完成，以免多次安装所产生的安装误差影响位置精度。

（2）以一个完整数控程序连续加工的内容为一道工序。有些零件虽然能在一次安装中加工出很多待加工面，但考虑到程序太长，会受到某些限制。

（3）以工件上的结构内容组合用一把刀具加工作为一道工序。有些零件结构较复杂，既有回转表面也有非回转表面，既有外圆、平面也有内腔、曲面。对于加工内容较多的零件，按零件结构特点将加工内容组合分成若干部分，每一部分用一把典型刀具加工。这时，可以将组合在一起的所有部位作为一道工序。

（4）以粗、精加工划分工序。对于容易发生加工变形的零件，通常粗加工后需要进行矫形，这时粗加工和精加工作为两道工序，可以采用不同的刀具或不同的数控车床加工。对毛坯余量较大和加工精度要求较高的零件，应将粗车和精车分开，划分成两道或更多的工序。

下面以车削图 9-3 所示手柄零件为例，说明工序的划分。

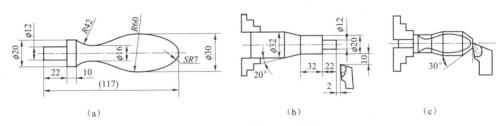

图 9-3 手柄加工示意图

(a) 工件简图；(b) 装夹示意图；(c) 刀具轨迹图

该零件加工所用坯料为 $\phi 32\ mm$ 棒料，批量生产，加工时用一台数控车床。工序划分如下：

第一道工序（按图示将一批工件全部车出，包括切断），夹棒料外圆柱面，工序内容有：先车出 $\phi 12\ mm$ 和 $\phi 20\ mm$ 两圆柱面及圆锥面（粗车掉 $R42\ mm$ 圆弧的部分余量），转刀后按总长要求留下加工余量切断。

第二道工序（见图 9-3（c）），用 $\phi 12\ mm$ 外圆及 $\phi 20\ mm$ 端面装夹，工序内容有：先

车削包络 $SR7$ mm 球面的 30°圆锥面，然后对全部圆弧表面半精车（留少量的精车余量），最后换精车刀将全部圆弧表面一刀精车成形。

综上所述，在数控加工划分工序时，一定要视零件的结构与工艺性、零件的批量、机床的功能、零件数控加工内容的多少、程序的大小、安装次数及本单位生产组织状况灵活掌握。

二、非数控车削加工工序的安排

（1）零件上有不适合数控车削加工的表面，如渐开线齿形、键槽、花键表面等，必须安排相应的非数控车削加工工序。

（2）零件表面硬度及精度要求较高，热处理需安排在数控车削加工之后，且热处理之后一般安排磨削加工。

（3）零件要求特殊，不能用数控车削加工完成全部加工要求，则必须安排其他非数控车削加工工序，如喷丸、滚压加工、抛光等。

（4）零件上有些表面根据工厂条件采用非数控车削加工更合理，这时可适当安排这些非数控车削加工工序，如铣端面、打中心孔等。

9.2.3 工步顺序和进给路线的确定

一、工步顺序安排的一般原则

（1）**先粗后精**。对粗精加工在一道工序内进行的，先对各表面进行粗加工，全部粗加工结束后再进行半精加工和精加工，逐步提高加工精度。此工步顺序安排的原则要求：粗车在较短的时间内将工件各表面上的大部分加工余量切掉，一方面提高金属切除率，另一方面满足精车的余量均匀性要求。若粗车后所留余量的均匀性满足不了精加工的要求时，则要安排半精车，以此为精车做准备。为保证加工精度，精车要一刀切出图样要求的零件轮廓。此原则实质是在一个工序内分阶段加工，这样有利于保证零件的加工精度，适用于精度要求高的场合，但可能增加换刀的次数和加工路线的长度。

（2）**先近后远**。这里所说的远与近，是按加工部位相对于对刀点（起刀点）的距离远近而言的。在一般情况下，离对刀点远的部位后加工，以便缩短刀具移动距离，减少空行程时间。

（3）**内外交叉**。对既有内表面（内型、腔）、又有外表面需加工的零件，安排加工顺序时，通常应先进行内外表面粗加工，后进行内外表面精加工。切不可将零件上一部分表面（外表面或内表面）加工完毕后，再加工其他表面（内表面或外表面）。

二、进给路线的确定

确定进给路线的工作重点，主要在于确定粗加工及空行程的进给路线，因精加工切削过程的进给路线基本上都是沿其零件轮廓顺序进行的。

进给路线泛指刀具从对刀点（或机床固定原点）开始运动起，直至返回该点并结束加工程序所经过的路径，包括切削加工的路径及刀具切入、切出等非切削空行程。

在保证加工质量的前提下，加工程序具有最短的进给路线，不仅可以节省整个加工过程的执行时间，还能减少一些不必要的刀具消耗及机床进给机构滑动部件的磨损。实现最短的进给路线，除了依靠大量的实践经验外，还应善于分析，必要时可辅以一些简单计算。

完工轮廓的连续切削进给路线：在安排可以一刀或多刀进行的精加工工序时，零件的完工轮廓应由最后一刀连续加工而成，这时，加工刀具的进、退刀位置要考虑妥当，尽量不要在连续的轮廓中安排切入和切出或换刀及停顿，以免因切削力突然变化而造成弹性变形，致使光滑连接轮廓上产生表面划伤、形状突变或滞留刀痕等缺陷。

9.2.4 数控车削加工刀具及切削用量的选择

一、刀具的选择

（一）车刀类型的选择

1）数控车削常用刀具的类型

数控车削用的车刀一般分为三类，即尖形车刀、圆弧形车刀和成形车刀。尖形车刀、圆弧形车刀如图9-4所示。

（1）尖形车刀。以直线形切削刃为特征的车刀一般称为尖形车刀。这类车刀的刀尖（同时也为其刀位点）由直线形的主、副切削刃构成，如90°内、外圆车刀，左、右端面车刀，切槽（断）车刀及刀尖倒棱很小的各种外圆和内孔车刀。

用这类车刀加工零件时，零件的轮廓形状主要由一个独立的刀尖或一条直线形主切削刃位移后得到，它与另两类车刀加工时所得到零件轮廓形状的原理是截然不同的。

（2）圆弧形车刀。圆弧形车刀是较为特殊的数控加工用车刀。其特征是：构成主切削刃的刀刃形状为一圆度误差或轮廓误差很小的圆弧；该圆弧上的每一点都是圆弧形车刀的

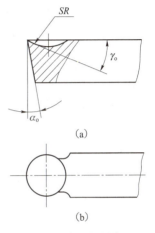

图9-4 常用数控车刀

(a) 尖形车刀；(b) 圆弧形车刀

刀尖，因此，刀位点不在圆弧上，而在该圆弧的圆心上；车刀圆弧半径理论上与被加工零件的形状无关，并可按需要灵活确定或经测定后确定。

某些尖形车刀或成形车刀（如螺纹车刀）的刀尖具有一定的圆弧形状时，也可作为这类车刀使用。圆弧形车刀可以用于车削内、外表面，特别适宜于车削各种光滑连接（凹形）的成形面。

（3）成形车刀。成形车刀也叫样板车刀，其加工零件的轮廓形状完全由车刀刀刃的形状和尺寸决定。数控车削加工中，常见的成形车刀有小半径圆弧车刀、非矩形车槽刀和螺纹车刀等。在数控加工中，应尽量少用或不用成形车刀，当确有必要选用时，则应在工艺文件或加工程序单上进行详细说明。

2）机夹可转位车刀的选用

为了减少换刀时间和方便对刀，便于实现机械加工的标准化，数控车削加工时应尽量采用机夹刀和机夹车刀刀片。

（1）刀片材质的选择。车刀刀片的材料主要有高速钢、硬质合金、涂层硬质合金、陶瓷、立方氮化硼和金刚石等。其中应用最多的是硬质合金和涂层硬质合金刀片。选择刀片材质，主要依据被加工工件的材料、被加工表面的精度、表面质量要求、切削载荷的大小以及切削过程中有无冲击和振动等。

（2）刀片尺寸的选择。刀片尺寸的大小取决于必要的有效切削刃长度L与背吃刀量a_p

和车刀的主偏角 κ_r 有关，使用时可查阅有关刀具手册选取。

（3）刀片形状的选择。刀片形状主要依据被加工工件的表面形状、切削方法、刀具寿命和刀片的转位次数等因素选择。

选择刀具还要针对所用机床的刀架结构。外圆车刀通常安装在径向，内孔车刀通常安装在轴向。刀具以刀杆尾部和一个侧面定位。当采用标准尺寸的刀具时，只要定位和锁紧可靠，就能确定刀尖在刀盘上的相对位置。车刀的柄部要选择合适的尺寸，刀刃部分要选择机夹不重磨刀具，而且刀具的长度不得超出其规定的范围，以免发生干涉现象。

3）常用车刀的几何参数选择

刀具切削部分的几何参数对零件的表面质量及切削性能影响极大，应根据零件的形状、刀具的安装位置以及加工方法等，正确选择刀具的几何形状及有关参数。

（1）尖形车刀的几何参数。尖形车刀的几何参数主要指车刀的几何角度。选择方法与使用普通车削时基本相同，但应结合数控加工的特点（如走刀路线及加工干涉等）进行全面考虑。

例如，在加工图 9-2 所示的零件时，要使其左右两个 45°锥面由一把车刀加工出来，并使车刀的切削刃在车削圆锥面时不致发生加工干涉。

又如，车削大圆弧内表面零件时，所选择尖形内孔车刀的形状及主要几何角度如图 9-4（a）所示（前角为 0°），这样刀具可将其内圆弧面和右端端面一刀车出，而避免了用两把车刀进行加工。

可用作图或计算的方法，确定尖形车刀不发生干涉的几何角度。如副偏角不发生干涉的极限角度值为大于作图或计算所得角度 6°~8°即可。当确定几何角度困难、甚至无法确定（如尖形车刀加工接近于半个凹圆弧的轮廓等）时，则应考虑选择其他类型车刀后，再确定其几何角度。

（2）圆弧形车刀的几何参数。

① 圆弧形车刀的选用。对于某些精度要求较高的凹曲面车削或大外圆弧面的批量车削，以及尖形车刀所不能完成的加工，宜选用圆弧形车刀进行。圆弧形车刀具有宽刃切削（修光）性质，能使精车余量保持均匀而改善切削性能，还能一刀车出跨多个象限的圆弧面。

例如，当零件的曲面精度要求不高时，可以选择用尖形车刀进行加工；当曲面形状精度和表面粗糙度均有要求时，选择尖形车刀加工就不合适了，因为车刀主切削刃的实际切削深度在圆弧轮廓段总是不均匀的。当车刀主切削刃靠近其圆弧终点时，该位置上的切削深度（a_p）将大大超过其圆弧起点位置上的切削深度（a_p），致使切削阻力增大，则可能产生较大的线轮廓度误差，并增大其表面粗糙度数值。

对于加工图 9-5 所示同时跨四个象限的外圆弧轮廓，无论采用何种形状及角度的尖形车刀，也不可能由一条圆弧加工程序一刀车出，而采用圆弧形车刀就能十分简便地完成。

② 圆弧形车刀的几何参数。圆弧形车刀的几何参数除了前角及后角外，主要几何参数为车刀圆弧切削刃的形状及半径。

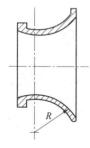

图 9-5 大圆弧零件

选择车刀圆弧半径的大小时，应考虑两点：第一，车刀切削刃的圆弧半径应当小于或等于零件凹形轮廓上的最小半径，以免发生加工干涉；第二，该半径不宜选择太小，否则既难于制造，还会因其刀头强度太弱或刀体散热能力差，使车刀容易受到损坏。

当车刀圆弧半径已经选定或通过测量并给予确认之后，应特别注意圆弧切削刃的形状误差对加工精度的影响。现对圆弧形车刀的加工原理分析如下：

在车削时，车刀的圆弧切削刃与被加工轮廓曲线作相对滚动。这时，车刀在不同的切削位置上，其"刀尖"在圆弧切削刃上也有不同位置（即切削刃圆弧与零件轮廓相切的切点），也就是说，切削刃对工件的切削，是以无数个连续变化位置的"刀尖"进行的。

为了使这些不断变化位置的"刀尖"能按加工原理所要求的规律（"刀尖"所在半径处处等距）运动，并便于编程，规定圆弧形车刀的刀位点必须在该圆弧刃的圆心位置上。

要满足车刀圆弧刃的半径处处等距，则必须保证该圆弧刃具有很小的圆度误差，即近似为一条理想圆弧，因此需要通过特殊的制造工艺（如光学曲线磨削等），才能将其圆弧刃做得准确。

至于圆弧形车刀前、后角的选择，原则上与普通车刀相同，只不过形成其前角（大于0°时）的前刀面一般都为凹球面，形成其后角的后刀面一般为圆锥面。圆弧形车刀前、后刀面的特殊形状，是为满足在刀刃的每一个切削点上，都具有恒定的前角和后角，以保证切削过程的稳定性及加工精度。为了制造车刀的方便，在精车时其前角多选择为0°。

（二）车刀的预调

数控车床刀具预调的主要工作是：① 按加工要求选择全部刀具，并对刀具外观，特别是刃口部位进行检查；② 检查调整刀尖的高度，实现等高要求；③ 刀尖圆弧半径应符合程序要求；④ 测量和调整刀具的轴向和径向尺寸。

二、切削用量的选择

数控车削加工中的切削用量包括：背吃刀量 a_p、主轴转速 n 或切削速度 v（用于恒线速度切削）、进给速度或进给量 f。这些参数均应在机床给定的允许范围内选取。

（1）切削用量的选用原则。车削用量（a_p、f、v）选择是否合理，对于能否充分发挥机床潜力与刀具切削性能，实现优质、高产、低成本和安全操作具有很重要的作用。车削用量的选择原则是粗车时，首先考虑选择尽可能大的背吃刀量 a_p，其次选择较大的进给量 f，最后确定一个合适的切削速度 v。增大背吃刀量 a_p 可使走刀次数减少，增大进给量 f 有利于断屑。

精车时，加工精度和表面粗糙度要求较高，加工余量不大且较均匀，因此选择精车的切削用量时，应着重考虑如何保证加工质量，并在此基础上尽量提高生产率。因此，精车时应选用较小（但不能太小）的背吃刀量 a_p 和进给量 f，并选用性能较高的刀具材料和合理的几何参数，以尽可能提高切削速度 v。表9-1是推荐的切削用量数据，供参考。

表 9-1　切削用量推荐表

工件材料	加工内容	切削用量 a_p/mm	切削速度 $v/(m·min^{-1})$	送给量 $f/(m·r^{-1})$	刀具材料
碳素钢 σ_b>600 MPa	粗加工	5～7	60～80	0.2～0.4	YT 类
	粗加工	2～3	80～120	0.2～0.4	
	精加工	2～6	120～150	0.1～0.2	
	钻中心孔		500～800 r·min^{-1}		W18Cr4V
	钻孔		～30	0.1～0.2	
	切断（宽度<5 mm）		70～110	0.1～0.2	YT 类
铸铁 200 HBS 以下	粗加工		50～70	0.2～0.4	YG 类
	精加工		70～100	0.1～0.2	
	切断（宽度<5 mm）		50～70	0.1～0.2	

9.2.5　数控车削加工的装夹与对刀

一、数控车削加工的对象

（1）轮廓形状特别复杂或难于控制尺寸的回转体零件。因车床数控装置都具有直线和圆弧插补功能，还有部分车床数控装置具有某些非圆曲线插补功能，故能车削出由任意直线和平面曲线轮廓组成的形状复杂的回转体零件。

（2）精度要求高的零件。零件的精度要求主要指尺寸、形状、位置和表面等精度要求，其中的表面精度主要指表面粗糙度。例如：尺寸精度高达 0.001 mm 或更小的零件；圆柱度要求高的圆柱体零件；直线度、圆度和倾斜度均要求高的圆锥体零件；以及通过恒线速度切削功能，加工表面精度要求高的各种变径表面类零件等。

（3）带特殊螺纹的回转体零件。这些零件是指特大螺距、等螺距与变螺距或圆柱与圆锥螺纹面之间作平滑过渡的螺纹零件等。

（4）淬硬工件的加工。在大型模具加工中，有不少尺寸大而形状复杂的零件。这些零件热处理后的变形量较大，磨削加工有困难，因此可以用陶瓷车刀在数控机床上对淬硬后的零件进行车削加工，以车代磨，提高加工效率。

二、对刀

装刀与对刀是数控机床加工中极其重要并十分棘手的一项基本工作。对刀的好与差，将直接影响到加工程序的编制及零件的尺寸精度。

对刀一般分为手动对刀和自动对刀两大类。目前，绝大多数的数控车床采用手动对刀，其基本方法有：定位对刀法、光学对刀法、ATC 对刀法和试切对刀法。在前 3 种手动对刀方法中，均因可能受到手动和目测等多种误差的影响，其对刀精度十分有限，所以往往通过试切对刀，以得到更加准确和可靠的结果。数控车床常用的试切对刀方法如图 9-6 所示。

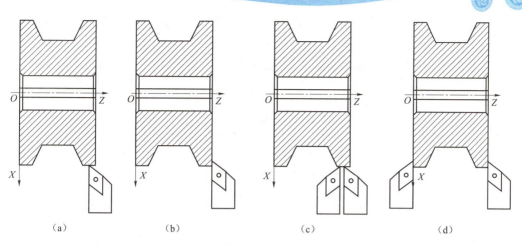

图 9-6 试切对刀示意图

(a) X 方向对刀；(b) Z 方向对刀；(c) 两把刀 X 方向对刀；(d) 两把刀 Z 方向对刀

三、工件的装夹与夹具选择

（一）用通用夹具装夹

（1）在三爪自定心卡盘上装夹。三爪自定心卡盘的三个卡爪是同步运动的，能自动定心，一般不需找正。三爪自定心卡盘装夹工件方便、省时，自动定心好，但夹紧力较小，所以适用于装夹外形规则的中、小型工件。三爪自定心卡盘可装成正爪或反爪两种形式。反爪用来装直径较大的工件。用三爪自定心卡盘装夹精加工过的表面时，被夹住的工件表面应包一层铜皮，以免夹伤工件表面。

数控车床多采用三爪自定心卡盘夹持工件，轴类工件还可使用尾座顶尖支持工件。数控车床主轴转速较高，为便于工件夹紧，多采用液压高速动力卡盘。这种卡盘在生产厂已通过了严格平衡检验，具有高转速（极限转速可达 8 000 r/min 以上）、高夹紧力（最大推拉力为 2 000～8 000 N）、高精度、调爪方便、通孔及使用寿命长等优点。通过调整油缸的压力，可改变卡盘的夹紧力，以满足夹持各种薄壁和易变形工件的特殊需要。还可使用软爪夹持工件，软爪弧面由操作者随机配制，可获得理想的夹持精度。为减少细长轴加工时的受力变形，提高加工精度，以及在加工带孔轴类工件内孔时，可采用液压自动定心中心架，其定心精度可达 0.03 mm。

（2）在两顶尖之间装夹。对于长度尺寸较大或加工工序较多的轴类工件，为保证每次装夹时的装夹精度，可用两顶尖装夹。两顶尖装夹工件方便，不需找正，装夹精度高，但必须先在工件的两端面钻出中心孔。该装夹方式适用于多工序加工或精加工。

用两顶尖装夹工件时须注意的事项：

① 前后顶尖的连线应与车床主轴轴线同轴，否则车出的工件会产生锥度误差。

② 尾座套筒在不影响车刀切削的前提下，应尽量伸出的短些，以增加刚性，减少振动。

③ 中心孔应形状正确，表面粗糙度值小。轴向精确定位时，中心孔倒角可加工成准确的圆弧形倒角，并以该圆弧形倒角与顶尖锋面的切线为轴向定位基准定位。

④ 两顶尖与中心孔的配合应松紧合适。

（3）用卡盘和顶尖装夹。如图 9-7 所示，两顶尖装夹工件虽然精度高，但刚性较差。因此，车削质量较大工件时要一端用卡盘夹住，另一端用后顶尖支承。为了防止工件由于切削力的作用而产生轴向位移，必须在卡盘内装一限位支承，或利用工件的台阶面限位。这种方法比较安全，能承受较大的轴向切削力，安装刚性好，轴向定位准确，所以应用比较广泛。

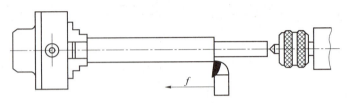

图 9-7　用卡盘和顶尖装夹

（4）用双三爪自定心卡盘装夹。对于精度要求高、变形要求小的细长轴类零件可采用双主轴驱动式数控车床加工，机床两主轴轴线同轴、转动同步，零件两端同时分别由三爪自定心卡盘装夹并带动旋转，这样可以减小切削加工时切削力矩引起的工件扭转变形。

（二）用找正方式装夹

（1）找正要求。找正装夹时必须将工件的加工表面回转轴线（同时也是工件坐标系 Z 轴）找正到与车床主轴回转中心重合。

（2）找正方法。与普通车床上找正工件相同，一般为打表找正。通过调整卡爪，使工件坐标系 Z 轴与车床主轴的回转中心重合，如图 9-8 所示。

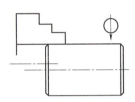

图 9-8　找正法装夹

单件生产工件偏心安装时常采用找正装夹；用三爪自定心卡盘装夹较长的工件时，工件离卡盘夹持部分较远处的旋转中心不一定与车床主轴旋转中心重合，这时必须找正；当三爪自定心卡盘使用时间较长，已失去应有精度，而工件的加工精度要求又较高时，也需要找正。

（3）装夹方式。一般采用四爪单动卡盘装夹。四爪单动卡盘的四个卡爪是各自独立运动的，可以调整工件夹持部位在主轴上的位置，使工件加工面的回转中心与车床主轴的回转中心重合，但四爪单动卡盘找正比较费时，只能用于单件小批量生产。四爪单动卡盘夹紧力较大，所以适用于大型或形状不规则的工件。四爪单动卡盘也可装成正爪或反爪两种形式。

（三）其他类型的数控车床夹具

为了充分发挥数控车床的高速度、高精度和自动化的效能，必须有相应的数控夹具与之配合。数控车床夹具除了使用通用三爪自定心卡盘、四爪卡盘、大批量生产中使用便于自动控制的液压、电动及气动卡盘、顶尖外，还有其他类型的夹具，它们主要分为两大类：用于轴类工件的夹具和用于盘类工件的夹具。

（1）用于轴类工件的夹具。数控车床加工一些特殊形状的轴类工件（如异形杠杆）时，坯件可装卡在专用车床夹具上，夹具随同主轴一同旋转。用于轴类工件的夹具有自动夹紧拨动卡盘、三爪拨动卡盘和快速可调万能卡盘等。图 9-9 所示为加工实心轴所用的拨齿顶尖

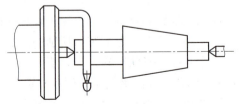

图 9-9　实心轴加工所用的拨齿顶尖夹具

夹具，其特点是在粗车时可以传递足够大的转矩，以适应主轴高速旋转车削要求。

（2）用于盘类工件的夹具。这类夹具适用在无尾座的卡盘式数控车床上，用于盘类工件的夹具主要有可调卡爪式卡盘和快速可调卡盘。

9.3.1 数控车削加工工艺编制分析

一、轴类零件的数控车削工艺

图 9-1 所示是模具心轴的零件简图。零件的径向尺寸公差为 ±0.01 mm，角度公差为 ±0.1°，材料为 45 钢。毛坯尺寸为 φ66 mm×100 mm，批量 30 件。

加工方案如下：

工序 1　用三爪卡盘夹紧工件一端，加工 φ64×38 柱面并掉头打中心孔。

工序 2　用三爪卡盘夹紧工件 φ64 一端，另一端用顶尖顶住。加工 φ24×62 柱面，如图 9-10 所示。

工序 3　① 钻螺纹底孔；② 精车 φ20 表面，加工 14° 锥面及背端面；③ 攻螺纹，如图 9-11 所示。

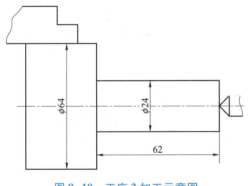
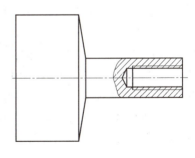

图 9-10　工序 2 加工示意图　　　　图 9-11　工序 3 加工示意图

工序 4　加工 SR19.4 圆弧面、φ26 圆柱面、角 15° 锥面和角 15° 倒锥面，装夹方式如图 9-12 所示。工序 4 的加工过程如下：

① 先用复合循环若干次一层层加工，逐渐靠近由 E—F—G—H—I 等基点组成的回转面。后两次循环的走刀路线都与 B—C—D—E—F—G—H—I—B 相似。完成粗加工后，精加工的走刀路线是 B—C—D—E—F—G—H—I—B，如图 9-12 所示。

② 再加工出最后一个 15° 的倒锥面，如图 9-13 所示。

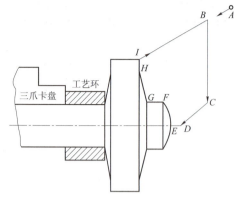

图 9-12　工序 4 加工示意图之一

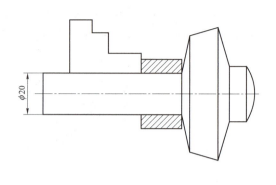

图 9-13　工序 4 加工示意图之二

二、轴承套零件数控车削加工工艺

以图 9-2 所示轴承套零件为例，介绍数控车削加工工艺（单件小批量生产），所用机床为 CJK6240。

（1）零件图工艺分析。该零件表面由内外圆柱面、内圆锥面、顺圆弧、逆圆弧及外螺纹等表面组成，其中多个直径尺寸与轴向尺寸有较高的尺寸精度和表面粗糙度要求。零件图尺寸标注完整，符合数控加工尺寸标注要求；轮廓描述清楚完整；零件材料为 45 钢，切削加工性能较好，无热处理和硬度要求。

通过上述分析，采取以下几点工艺措施：

① 零件图样上带公差的尺寸，因公差值较小，故编程时不必取其平均值，取基本尺寸即可。

② 左、右端面均为多个尺寸的设计基准，相应工序加工前，应该先将左、右端面车出来。

③ 内孔尺寸较小，镗 1∶20 锥孔、φ32 孔及 15°斜面时需掉头装夹。

（2）确定装夹方案。内孔加工时以外圆定位，用三爪自动定心卡盘夹紧。加工外轮廓时，为保证一次安装加工出全部外轮廓，需要架设一圆锥心轴装置，用三爪卡盘夹持心轴左端，心轴右端留有中心孔并用尾座顶尖顶紧以提高工艺系统的刚性，如图 9-14 所示。

（3）确定加工顺序及走刀路线。加工顺序的确定按由内到外、由粗到精、由近到远的原则确定，在一次装夹中尽可能加工出较多的工件表面。结合本零件的结构特征，可先加工内孔各表面，然后加工外轮廓表面。由于该零件为单件小批量生产，走刀路线设计不必考虑最短进给路线或最短空行程路线，外轮廓表面车削走刀路线可沿零件轮廓顺序进行，如图 9-15 所示。

（4）刀具选择。选定刀具结构形式和刀具几何参数。

（5）切削用量选择。根据被加工表面质量要求、刀具材料和工件材料，参考切削用量手册或有关资料选取切削速度与每转进给量。

背吃刀量的选择因粗、精加工而有所不同。粗加工时，在工艺系统刚性和机床功率允许的情况下，尽可能取较大的背吃刀量，以减少进给次数；精加工时，为保证零件表面粗糙度要求，背吃刀量一般取 0.1～0.4 mm 较为合适。

教学单元9 数控车削加工工艺设计

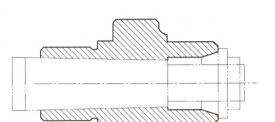

图 9-14 外轮廓车削装夹方案

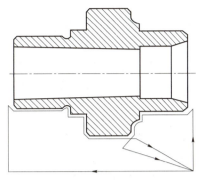

图 9-15 外轮廓加工走刀路线

9.3.2 填写数控车削加工工艺文件

数控车削加工工艺文件主要包含数控加工工序卡、刀具调整卡等。根据前面的分析,拟订数控加工工艺路线,选择合适的刀具、夹具、量具和车削用量等,然后将这些内容填写到规定格式的表单中。

在这里主要根据前面分析的各项内容进行综合,填写图 9-2 所示轴承套类零件的数控加工工艺卡片(表 9-2)以及轴承套数控加工刀具卡片(表 9-3)。

表 9-2 轴承套数控加工工序卡

工厂名称			产品名称或代号	零件名称	零件图号
			数控车工艺分析实例	轴承套	Lethe-01
工序号	程序编号		夹具名称	使用设备	车间
001	Letheprg-01		三爪卡盘和自制心轴	CJK6240	数控中心
工步号	工步内容	刀具号	刀具规格 /mm	主轴转速 /(r·min^{-1})	进给速度 /(mm·min^{-1})	背吃刀量/mm	备注
1	平端面	T01	25×25	320		1	手动
2	钻 φ5 中心孔	T02	φ5	950		2.5	手动
3	钻底孔	T03	φ26	200		13	手动
4	粗镗 φ32 内孔、15°斜面及 C0.5 倒角	T04	20×20	320	40	0.8	自动
5	精镗 φ32 内孔、15°斜面及 C0.5 倒角	T04	20×20	400	25	0.2	自动
6	掉头装夹粗镗 1:20 锥孔	T04	20×20	320	40	0.8	自动
7	精镗 1:20 锥孔	T04	20×20	400	20	0.2	自动
8	心轴装夹自右至左粗车外轮廓	T05	25×25	320	40	1	自动
9	自左至右粗车外轮廓	T06	25×25	320	40	1	自动

续表

工步号	工步内容	刀具号	刀具规格/mm	主轴转速/(r·min⁻¹)	进给速度/(mm·min⁻¹)	背吃刀量/mm	备注
10	自右至左精车外轮廓	T05	25×25	400	20	0.1	自动
11	自左至右精车外轮廓	T06	25×25	400	20	0.1	自动
12	卸心轴改为三爪装夹粗车 M45 螺纹	T07	25×25	320	480	0.4	自动
13	精车 M45 螺纹	T07	25×25	320	480	0.1	自动
编制	×××	审核	×××	批准	×××	××年×月×日	共 1 页　第 1 页

表 9-3　轴承套数控加工刀具卡片

产品名称或代号		数控车工艺分析实例		零件名称	轴承套	零件图号	Lathe-01
序号	刀具号	刀具规格名称	数量	加工表面	刀尖半径/mm	备注	
1	T01	45°硬质合金端面车刀	1	车端面	0.5	25×25	
2	T02	φ5 中心钻	1	钻 φ5 mm 中心孔			
3	T03	φ26 mm 钻头	1	钻底孔			
4	T04	镗刀	1	镗内孔各表面	0.4	20×20	
5	T05	93°右手偏刀	1	自右至左车外表面	0.2	25×25	
6	T06	93°左手偏刀	1	自左至右车外表面			
7	T07	60°外螺纹车刀	1	车 M45 螺纹			
编制	×××	审核	×××	批准	×××	××年×月×日	共 1 页　第 1 页

注意：车削外轮廓时，为防止副后刀面与工件表面发生干涉，应选择较大的导偏角，必要时可作图检验。本例中选 $\kappa_r' = 55°$。

企业专家点评：

东方汽轮机厂高级工程师钟成明：数控车削加工工艺的关键是数控刀具的正确选用，切削用量的合理选择，走刀路线的设计，以及特殊曲线的数值处理，加工中的误差控制也需要充分考虑。

复习与思考题

1. 数控车床与普通车床相比，具有哪些加工特点？
2. 数控车床适合加工哪些回转体零件？
3. 数控车床与普通车床加工工艺一样吗？
4. 数控车床和普通车床在加工速度上有什么区别？

5. 数控车床加工工件时，如何选用刀具？
6. 数控车削中如何确定在哪些地方要用刀尖半径补偿？
7. 数控车削加工螺纹时，需要注意哪些问题？
8. 如何设计数控车削加工的粗加工走刀路线？
9. 数控车削加工的误差因素有哪些？
10. 数控车削螺纹的进刀方式有哪些？如何选择？
11. 数控车削内孔时应注意哪些问题？
12. 选择数控车削刀片应考虑哪些因素？
13. 什么是数控车削的对刀点？如何确定？

教学单元 10
数控镗铣、加工中心加工工艺设计

10.1 任务引入

图 10-1 所示是支承套简图,图 10-2 所示为异形支架零件简图。该零件的主要加工面有外圆、孔等,相互位置精度要求高,适宜采用数控镗削等方式加工。本单元的主要任务就是分析设计完成该零件的数控镗铣或加工中心加工工艺,为数控编程提供基础。

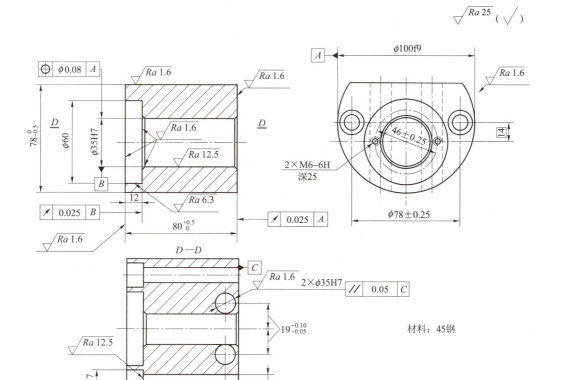

图 10-1　支承套简图

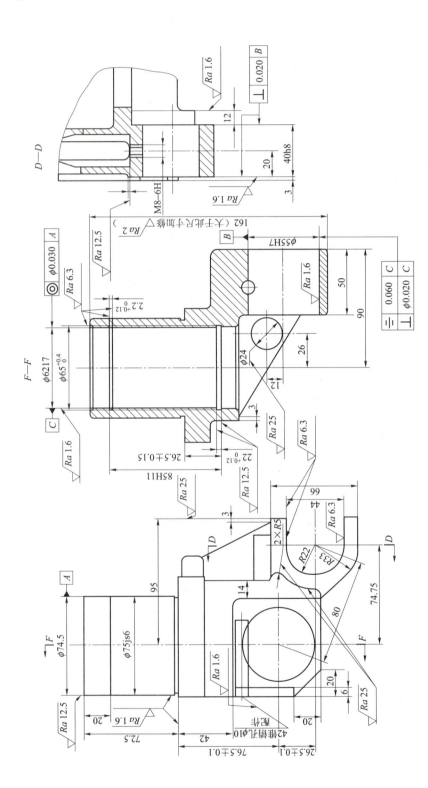

图10-2 异形支架零件简图

10.2 相关知识

10.2.1 数控镗铣、加工中心加工的类型对象

一、数控镗铣、加工中心加工设备的类型

数控镗铣床和加工中心（MC，Machine Center）在结构、工艺和编程等方面有许多相似之处。特别是全功能型数控镗铣床与加工中心相比，区别主要在于数控镗铣床没有自动刀具交换装置（ATC，Automatic Tools Changer）及刀具库，只能用手动方式换刀，而加工中心因具备 ATC 及刀具库，故可将使用的刀具预先安排存放于刀具库内，需要时再通过换刀指令，由 ATC 自动换刀。数控镗铣床和加工中心都能够进行铣削、钻削、镗削及攻螺纹等加工。

（一）按主轴的空间状态分类

（1）立式加工中心机床；

（2）卧式加工中心机床；

（3）立、卧两用式加工中心机床。

（二）按联动轴数目分类

（1）2.5 轴联动的加工中心机床；

（2）3 轴联动的加工中心机床；

（3）4 轴联动的加工中心机床；

（4）5 轴联动的加工中心机床。

二、加工中心的工艺、加工特点

加工中心是一种功能较全的数控机床，它集铣削、钻削、铰削、镗削、攻螺纹和切螺纹于一身，使其具有多种工艺手段，与普通机床的加工相比，加工中心具有许多显著的工艺特点。

（一）工艺特点

（1）加工精度高。在加工中心上加工，其工序高度集中，一次装夹即可加工出零件上大部分甚至全部表面，避免了工件多次装夹所产生的装夹误差。因此，加工表面之间能获得较高的相互位置精度。

（2）精度稳定。整个加工过程由程序自动控制，不受操作者人为因素的影响，加上机床的位置补偿功能以及较高的定位精度和重复定位精度，使得加工出的零件尺寸一致性好。

（3）效率高。一次装夹能完成较多表面的加工，减少了多次装夹工件所需的辅助时间。

（4）表面质量好。加工中心主轴转速和各轴进给量均是无级调速，有的甚至具有自适应控制功能，能随刀具和工件材质及刀具参数的变化而变化，把切削参数调整到最佳数值，从而提高了各加工表面的质量。

（5）软件适应性大。零件每个工序的加工内容、切削用量及工艺参数都可以编入程序，

而且可以随时修改，这给新产品试制、实行新的工艺流程和试验提供了方便。

（二）加工中心加工特点

（1）三坐标联动加工。三坐标数控镗铣床与加工中心的共同特点是除具有普通铣床的工艺性能外，还具有加工形状复杂的二维以至三维复杂轮廓的能力。这些复杂轮廓零件的加工有的只需二轴联动（如二维曲线、二维轮廓和二维区域加工），有的则需三轴联动（如三维曲面加工），它们所对应的加工一般相应称为二轴（或 2.5 轴）加工与三轴加工。对于三坐标加工中心（无论是立式还是卧式），由于具有自动换刀功能，适于多工序加工，如箱体等需要铣、钻、铰及攻螺纹等多工序加工的零件。特别是在卧式加工中心上，加装数控分度转台后，可实现四面加工，而若主轴方向可换，则可实现五面加工，因而能够一次装夹完成更多表面的加工，特别适合于加工复杂的箱体类、泵体、阀体及壳体等零件。

（2）四坐标联动加工。四坐标是指在 X、Y 和 Z 三个平动坐标轴基础上增加一个转动坐标轴（A 或 B），且四个轴一般可以联动。其中，转动轴既可以作用于刀具（刀具摆动型），也可以作用于工件（工作台回转/摆动型）；机床既可以是立式的也可以是卧式的；此外，转动轴既可以是 A 轴（绕 X 轴转动）也可以是 B 轴（绕 Y 轴转动）。由此可以看出，四坐标数控机床可具有多种结构类型，但除大型龙门式机床上采用刀具摆动外，实际中多以工作台旋转/摆动的结构居多。但不管是哪种类型，其共同特点是相对于静止的工件来说，刀具的运动位置不仅是任意可控的，而且刀具轴线的方向在刀具摆动平面内也是可以控制的，从而可根据加工对象的几何特征按保持有效切削状态或根据避免刀具干涉等需要来调整刀具相对零件表面的姿态。因此，四坐标加工可以获得比三坐标加工更广的工艺范围和更好的加工效果。

（3）五坐标联动加工。对于五坐标机床，都具有两个回转坐标。相对于静止的工件来说，其运动合成可使刀具轴线的方向在一定的空间内（受机构结构限制）任意控制，从而具有保持最佳切削状态及有效避免刀具干涉的能力。因此，五坐标加工又可以获得比四坐标加工更广的工艺范围和更好的加工效果，特别适用于三维曲面零件的高效高质量加工以及异型复杂零件的加工。采用五轴联动对三维曲面零件的加工，可用刀具最佳几何形状进行切削，不仅加工表面粗糙度低，而且效率也大幅度提高。一般认为，一台五轴联动机床的效率可以等于两台三轴联动机床，特别是使用立方氮化硼等超硬材料铣刀进行高速铣削淬硬钢零件时，五轴联动加工可比三轴联动加工发挥更高的效益。

（4）高速加工。高速加工技术是当代先进制造技术的重要组成部分，拥有高效率、高精度及高表面质量等特征。有关高速加工的含义，通常有如下几种观点：切削速度很高，通常认为其速度超过普通切削的 5～10 倍；机床主轴转速很高，一般将主轴转速在 10 000～20 000 r/min 以上的定为高速切削；进给速度很高，通常达 15～50 m/min，最高可达 90 m/min。对于不同的切削材料和所采用的刀具材料，高速切削的含义也不尽相同。其优点在于：

① 加工时间短，效率高。高速切削的材料去除率通常是常规的 3～5 倍。

② 刀具切削状况好，切削力小，主轴轴承、刀具和工件受力均小，切削力降低 30%～90%，提高了加工质量；刀具和工件受热影响小，切削产生的热量大部分被高速流出的切屑所带走，故工件和刀具热变形小，有效地提高了加工精度。

③ 工件表面质量好。首先 a_p 与 a_e 小，工件粗糙度好；其次切削线速度高，机床激振

频率远高于工艺系统的固有频率，因而工艺系统振动很小。

三、数控镗铣、加工中心加工的类型对象

（1）既有平面又有孔系的零件。加工中心具有自动换刀装置，在一次安装中，可以完成零件上平面的铣削、孔系的钻削、镗削、铰削、铣削及攻螺纹等多工步加工。加工的部位可以在一个平面上，也可以在不同的平面上。五面体加工中心一次安装可以完成除装夹面以外的五个面的加工。因此，既有平面又有孔系的零件是加工中心的首选加工对象，这类零件常见的有箱体类零件和盘、套、板类零件。

① 箱体类零件。箱体类零件一般是指具有孔系和平面，内部有一定型腔，在长、宽、高方向有一定比例的零件。如发动机缸体、变速箱体，机床的床头箱、主轴箱，齿轮泵壳体等。

② 盘、套、轴、板、壳体类零件。带有键槽、径向孔或端面有分布的孔系及曲面的盘、套或轴类零件，如带法兰的轴套，带键槽或方头的轴类零件，具有较多孔加工的板类零件和各种壳体类零件等。

（2）结构形状复杂、普通机床难加工的零件。主要表面是由复杂曲线、曲面组成的零件。加工时，需要多坐标联动加工，这在普通机床上是难以甚至无法完成的，加工中心刀具可以自动更换，工艺范围更宽，是加工这类零件的最有效设备。常见的典型零件有以下几类：

① 凸轮类。这类零件有各种曲线的盘形凸轮、圆柱凸轮、圆锥凸轮和端面凸轮等。

② 整体叶轮类。整体叶轮常见于航空发动机的压气机、空气压缩机、船舶水下推进器等，它除具有一般曲面加工的特点外，还存在许多特殊的加工难点，如通道狭窄，刀具很容易与加工表面和邻近曲面产生干涉。

③ 模具类。常见的模具有锻压模具、铸造模具、注塑模具及橡胶模具等。

（3）外形不规则的异形零件。由于外形不规则，在普通机床上只能采取工序分散的原则加工，需用工装较多，周期较长。利用加工中心多工位点、线、面混合加工的特点，可以完成大部分甚至全部工序内容。

10.2.2 装夹方案的确定和夹具的选择

一、定位基准的选择

零件上应有一个或几个共同的定位基准。该定位基准一方面要能保证零件经多次装夹后其加工表面之间相互位置的准确性，如多棱体、复杂箱体等在卧式加工中心上完成四周加工后，要重新装夹来加工剩余的加工表面，用同一基准定位可以避免由基准转换引起的误差；另一方面要满足加工中心工序集中的特点，即一次安装尽可能完成零件上较多表面的加工。定位基准最好是零件上已有的面或孔，若没有合适的面或孔，也可专门设置工艺孔或工艺凸台等作定位基准。

选择定位基准时，应注意减少装夹次数，尽量做到在一次安装中能把零件上所有要加工表面都加工出来。因此，常选择工件上不需数控铣削的平面和孔作定位基准。对薄板件，选择的定位基准应有利于提高工件的刚性，以减小切削变形。定位基准应尽量与设计基准重合，以减小定位误差对尺寸精度的影响。

二、装夹方案的确定

在零件的工艺分析中，已确定了零件在加工中心上加工的部位和加工时用的定位基准，因此，在确定装夹方案时，只需根据已选定的加工表面和定位基准确定工件的定位夹紧方式，并选择合适的夹具。此时，主要考虑以下几点：

（1）夹紧机构或其他元件不得影响进给，加工部位要敞开。要求夹持工件后，夹具上的一些组成件（如定位块、压块和螺栓等）不能与刀具运动轨迹发生干涉。

（2）必须保证最小的夹紧变形。工件在粗加工时，切削力大，需要夹紧力大，但又不能把工件夹压变形，否则松开夹具后零件发生变形。因此，必须慎重选择夹具的支承点、定位点和夹紧点（有关夹紧点的选择原则见教学单元2）。如果采用了相应措施仍不能控制工件变形，只能将粗、精加工分开，或者粗、精加工使用不同的夹紧力。

（3）装卸方便，辅助时间尽量短。由于加工中心效率高，装夹工件的辅助时间对加工效率影响较大，所以要求配套夹具在使用中也要装卸快而方便。对小型零件或工序不长的零件，可以考虑在工作台上同时装夹几件进行加工，以提高加工效率。

（4）夹具结构应力求简单。由于零件在加工中心上加工大都采用工序集中原则，加工的部位较多，同时批量较小，零件更换周期短，夹具的标准化、通用化和自动化对加工效率的提高及加工费用的降低有很大影响。因此，对批量小的零件应优先选用组合夹具；对形状简单的单件小批量生产的零件，可选用通用夹具；只有对批量较大，且周期性投产，加工精度要求较高的关键工序才设计专用夹具，以保证加工精度和提高装夹效率。

（5）夹具应便于与机床工作台面及工件定位面间的定位连接。加工中心工作台面上一般都有基准T形槽，转台中心有定位圆，台面侧面有基准挡板等定位元件。固定方式一般用T形槽螺钉或工作台面上的紧固螺孔，用螺栓或压板压紧。夹具上用于紧固的孔和槽的位置必须与工作台上的T形孔和槽的位置相对应。

10.2.3 曲面的加工方法

一、变斜角面的加工方案

（1）对曲率变化较小的变斜角面。选用 X、Y、Z 和 A 四坐标联动的数控铣床，采用立铣刀（但当零件斜角过大，超过机床主轴摆角范围时，可用角度成形铣刀加以弥补）以插补方式摆角加工，如图 10-3（a）所示。加工时，为保证刀具与零件型面在全长上始终贴合，刀具绕 A 轴摆动角度 α。

（2）对曲率变化较大的变斜角面。用四坐标联动加工难以满足加工要求，最好用 X、Y、Z、A 和 B（或 C）转轴的五坐标联动数控铣床，以圆弧插补方式摆角加工，如图 10-3（b）所示。图中夹角 β 和 γ 分别是零件斜面母线与 Z 坐标轴夹角 α 在 ZOY 平面上和 XOZ 平面上的分夹角。

（3）采用三坐标数控铣床进行加工。其刀具常用球头铣刀和鼓形铣刀（图 10-4），以直线或圆弧插补方式进行分层铣削加工，加工后的残留面积用锉修法清除，因为一般球头铣刀的球径较小，所以只能加工大于 90°的开斜角面；而鼓形铣刀的鼓径较大（比球头铣刀的球径大），能加工小于 90°的闭斜角（指工件斜角 α<90°）面，且加工后的叠刀刀锋较小，因此鼓形铣刀的加工效果比球头刀好，图 10-4 所示的是用鼓形铣刀铣削变斜角面的情形。由

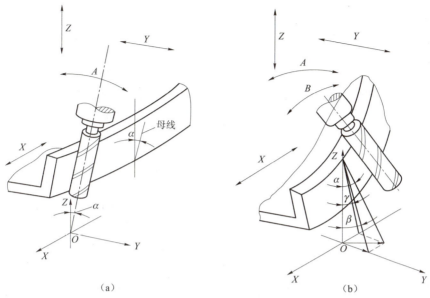

图 10-3 四、五坐标数控铣床加工零件变斜角面
(a) 四坐标数控铣床加工变斜角面；(b) 五坐标数控铣床加工变斜角面

于鼓形铣刀的鼓径可以做的比球头铣刀的球径大，所以加工后的残留面积高度小，加工效果比球头铣刀好。

二、曲面轮廓的加工方案

立体曲面的加工应根据曲面形状、刀具形状以及精度要求采用不同的铣削加工方法，如两轴半、三轴、四轴及五轴等联动加工。

（1）对曲率变化不大和精度要求不高的曲面的粗加工。常用两轴半坐标的行切法加工，即 X、Y、Z 三轴中任意两轴作联动插补，第三轴

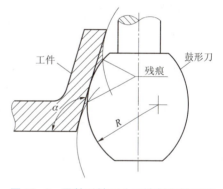

图 10-4 用鼓形铣刀分层铣削变斜角面

作单独的周期进给。如图 10-5 所示，将 X 向分成若干段，球头铣刀沿 YZ 面所截进行铣削，每一段加工完后进给 Δx，再加工另一相邻曲线，如此依次切削即可加工出整个曲面。在行切法中，要根据轮廓表面粗糙度的要求及刀头不干涉相邻表面的原则选取 Δx。球头铣刀的刀头半径应选得大一些，有利于散热，但刀头半径应小于内凹曲面的最小曲率半径。

两轴半坐标加工曲面的刀心轨迹 O_1O_2 和切削点轨迹 ab 如图 10-6 所示。图中 $ABCD$ 为被加工曲面，P_{YZ} 平面为平行于 YZ 坐标平面的一个行切面，刀心轨迹 O_1O_2 为曲面 $ABCD$ 的等距面 $IJKL$ 与行切面 P_{YZ} 的交线，显然 O_1O_2 是一条平面曲线。由于曲面的曲率变化，改变了球头刀与曲面切削点的位置，使切削点的连线成为一条空间曲线，从而在曲面上形成扭曲的残留沟纹。

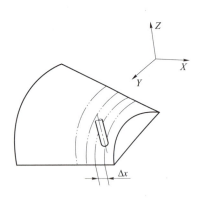

图 10-5　两轴半坐标行切法加工曲面

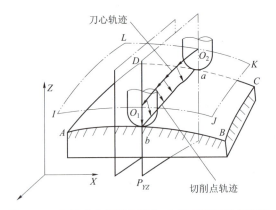

图 10-6　两轴半坐标行切法加工曲面的切削点轨迹

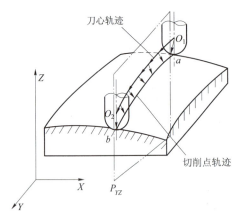

图 10-7　两轴半坐标行切法加工曲面的切削点轨迹

（2）对曲率变化较大和精度要求较高的曲面的精加工。常用 X、Y、Z 三坐标联动插补的行切法加工。如图 10-7 所示，P_{YZ} 平面为平行于坐标平面的一个行切面，它与曲面的交线为 ab。由于是三坐标联动，球头刀与曲面的切削点始终处在平面曲线 ab 上，可获得较规则的残留沟纹，但这时的刀心轨迹 O_1O_2 不在 P_{YZ} 平面上，而是一条空间曲线。

（3）对像叶轮、螺旋桨这样的零件加工。因其叶片形状复杂，刀具易与相邻表面干涉，常用五坐标联动加工。其加工原理如图 10-8 所示。半径为 R_i 的圆柱面与叶面的交线 AB 为螺旋线的一部分，螺旋角为 ψ_i，叶片的径向叶型线（轴向割线）EF 的倾角 α 为后倾角，螺旋线 AB 用极坐标加工方法，并且以折线段逼近。逼近段 mn 是由 C 坐标旋转 $\Delta\theta$ 与 Z 坐标位移 Δz 的合成。当 AB 加工完后，刀具径向位移 Δx（改变 R_i），再加工相邻的另一条叶型线，依次加工即可形成整个叶面。由于叶面的曲率半径较大，所以常采用立铣刀加工，以提高生产率并简化程序。因此，为保证铣刀端面始终与曲面贴合，铣刀还应作由坐标 A 和坐标 B 形

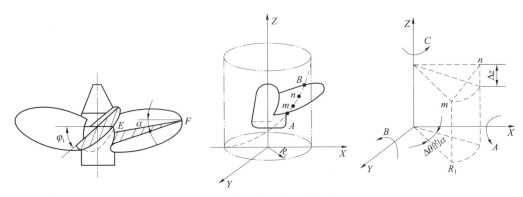

图 10-8　曲面的五坐标联动加工

成的 $\Delta\theta$ 的 α 摆角运动。在摆角的同时，还应作直角坐标的附加运动，以保证铣刀端面中心始终位于编程值所规定的位置上，所以需要五坐标联动加工。这种加工的编程计算相当复杂，一般采用自动编程。

10.2.4 零件的数控加工工艺过程分析

一、零件图的工艺分析

数控镗铣、加工中心对零件图进行工艺分析的主要内容包括：

（一）选择数控镗铣、加工中心的加工内容

数控铣床、加工中心与普通铣床相比，具有加工精度高、加工零件的形状复杂、加工范围广等特点，但是数控铣床价格较高，加工技术较复杂，零件的制造成本也较高。因此，正确选择适合数控铣削加工的内容就显得很有必要。通常选择下列部位为其加工内容：

（1）零件上的曲线轮廓。指要求有内、外复杂曲线的轮廓，特别是由数学表达式等给出其轮廓为非圆曲线和列表曲线等曲线轮廓。

（2）空间曲面。由数学模型设计出的，并具有三维空间曲面的零件。

（3）形状复杂、尺寸繁多、划线与检测困难的部位。

（4）用通用铣床加工难以观察、测量和控制进给的内外凹槽。

（5）高精度零件。尺寸精度、形位精度和表面粗糙度等要求较高的零件。如发动机缸体上的多组高精度孔或型面。

（6）能在一次安装中顺带铣出来的简单表面。

（7）采用数控铣削后能成倍提高生产率，大大减轻体力劳动强度的一般加工内容。

虽然数控铣床加工范围广泛，但是因受数控铣床自身特点的制约，某些零件仍不适合在数控铣床上加工，如简单的粗加工面，加工余量不太充分或不太稳定的部位，以及生产批量特别大，而精度要求又不高的零件等。

（二）零件结构工艺性分析

从机械加工的角度考虑，在加工中心上加工的零件，其结构工艺性应满足以下几点要求。

（1）零件的切削加工量要小，以便减少加工中心的切削加工时间，降低零件的加工成本。

（2）零件上光孔和螺纹的尺寸规格尽可能少，减少加工时钻头、铰刀及丝锥等刀具的数量，以防刀库容量不够。

（3）零件尺寸规格尽量标准化，以便采用标准刀具。

（4）零件加工表面应具有加工的方便性和可能性。

（5）零件结构应具有足够的刚性，以减少夹紧变形和切削变形。

在数控加工时应考虑零件的变形。变形不仅影响加工质量，而且当变形较大时，将使加工不能继续进行下去。这时就应当采取一些必要的工艺措施进行预防，如对钢件进行调质处理，对铸铝件进行退火处理，对不能用热处理方法解决的，也可考虑粗、精加工及对称去余量等常规方法。

(三）零件毛坯的工艺性分析

零件在进行数控铣削加工时，由于加工过程的自动化，使余量的大小及如何装夹等问题在设计毛坯时就要仔细考虑好。否则，如果毛坯不适合数控铣削，加工将很难进行下去。因此，在对零件图进行工艺分析后，还应结合数控铣削的特点，对零件毛坯进行工艺分析。

（1）毛坯的加工余量。毛坯的制造精度一般都很低，特别是锻、铸件。因模锻时的欠压量与允许的错模量会造成余量不等；铸造时也会因砂型误差、收缩量大及金属液体的流动性差不能充满型腔等造成余量的不等。此外，锻造、铸造后，毛坯的翘曲与扭曲变形量的不同也会造成加工余量不充分或不均匀。毛坯加工余量的大小，是数控铣削前必须认真考虑的问题。因此，除板料外，不论是锻件、铸件还是型材，只要准备采用数控铣削加工，其加工面均应有较充分的余量。

（2）毛坯的装夹。主要考虑毛坯在加工时定位和夹紧的可靠性与方便性，以便在一次安装中加工出较多表面。对不便于装夹的毛坯，可考虑在毛坯上另外增加装夹余量或工艺凸台、工艺凸耳等辅助基准。

（3）毛坯的余量的均匀性。主要是考虑在加工时要不要分层切削、分几层切削以及加工中和加工后的变形程度等因素，考虑是否应采取相应的预防或补救的措施。如对于热轧中、厚铝板，经淬火时效后很容易在加工中与加工后变形，最好采用经预拉伸处理的淬火板坯。

二、加工方法的选择

加工中心加工零件的表面不外乎平面、平面轮廓、曲面、孔和螺纹等。所选加工方法要与零件的表面特征、所要求达到的精度及表面粗糙度相适应。

（一）面加工方案分析

平面、平面轮廓及曲面在镗铣类加工中心上唯一的加工方法是铣削。经粗铣的平面，尺寸精度可达 IT12～IT14 级（指两平面之间的尺寸），表面粗糙度 Ra 值可达 12.5～50 μm。经粗、精铣的平面，尺寸精度可达 IT7～IT9 级，表面粗糙度 Ra 值可达 1.6～3.2 μm。

（1）平面轮廓加工。平面轮廓多由直线和圆弧或各种曲线构成，通常采用三坐标数控铣床进行两轴半坐标加工。

（2）固定斜角平面加工。固定斜角平面是与水平面成一固定夹角的斜面，常用如下的加工方法。

① 当零件尺寸不大时，可用斜垫板垫平后加工；如果机床主轴可以摆角，则可以摆成适当的定角，用不同的刀具来加工；当零件尺寸很大，斜面斜度又较小时，常用行切法加工。

② 对于正圆台和斜筋表面，一般可用专用的角度成形铣刀加工，其效果比采用五坐标数控铣床摆角加工好。

（3）变斜角面加工常用的加工方案有下列两种：

① 对曲率变化较小的变斜角面，选用 X、Y、Z 和 A 四坐标联动的数控铣床，采用立铣刀以插补方式摆角加工。

② 对曲率变化较大的变斜角面，用四坐标联动加工难以满足加工要求，最好用 X、Y、Z、A 和 B（或 C 转轴）的五坐标联动数控铣床，以圆弧插补方式摆角加工。

（二）孔加工方法分析

有钻削、扩削、铰削和镗削等。大直径孔还可采用圆弧插补方式进行铣削加工。

（1）对于直径大于 $\phi 30$ mm 的已铸出或锻出毛坯孔的孔加工，一般采用粗镗—半精镗—孔口倒角—精镗加工方案，孔径较大的可采用立铣刀粗铣—精铣加工方案。有空刀槽时可用锯片铣刀在半精镗之后、精镗之前铣削完成，也可用镗刀进行单刀镗削，但单刀镗削效率低。

（2）对于直径小于 $\phi 30$ mm 的无毛坯孔的孔加工，通常采用锪平端面—打中心孔—钻—扩—孔口倒角—铰加工方案，有同轴度要求的小孔，须采用锪平端面—打中心孔—钻—半精镗—孔口倒角—精镗（或铰）加工方案。为提高孔的位置精度，在钻孔工步前须安排锪平端面和打中心孔工步。孔口倒角安排在半精加工之后、精加工之前，以防孔内产生毛刺。

（3）螺纹的加工根据孔径大小，一般情况下，直径在 M6～M20 mm 之间的螺纹，通常采用攻螺纹方法加工；直径在 M6 mm 以下的螺纹，在加工中心上完成底孔加工，通过其他手段攻螺纹，因为在加工中心上攻螺纹，小直径丝锥容易折断；直径在 M20 mm 以上的螺纹，可采用镗刀片镗削加工。

三、加工阶段的划分

在加工中心上加工的零件，其加工阶段的划分主要根据零件是否已经过粗加工、加工质量要求的高低、毛坯质量的高低以及零件批量的大小等因素确定。

若零件已在其他机床上经过粗加工，加工中心只是完成最后的精加工，则不必划分加工阶段。

对加工质量要求较高的零件，若其主要表面在上加工中心加工之前没有经过粗加工，则应尽量将粗、精加工分开进行，使零件粗加工后有一段自然时效过程，以消除残余应力，恢复切削力、夹紧力引起的弹性变形和切削热引起的热变形，必要时还可以安排人工时效处理，最后通过精加工消除各种变形。

对加工精度要求不高而毛坯质量较高、加工余量不大、生产批量很小的零件或新产品试制中的零件，利用加工中心良好的冷却系统，可把粗、精加工合并进行。但粗、精加工应划分成两道工序分别完成。粗加工用较大的夹紧力，精加工用较小的夹紧力。

四、加工顺序的安排

在加工中心上加工零件，一般都有多个工步，使用多把刀具，因此加工顺序安排的是否合理，直接影响到加工精度、加工效率、刀具数量和经济效益。在安排加工顺序时同样要遵循"基面先行""先粗后精""先主后次"及"先面后孔"的一般工艺原则。此外还应考虑：

（一）减少换刀次数，节省辅助时间

一般情况下，每换一把新的刀具后，应通过移动坐标，回转工作台等将由该刀具切削的所有表面全部完成。

（二）每道工序尽量减少刀具的空行程移动量，按最短路线安排加工表面的加工顺序

安排加工顺序时可参照采用粗铣大平面—粗镗孔、半精镗孔—立铣刀加工—加工中心孔—钻孔—攻螺纹—平面和孔精加工（精铣、铰、镗等）的加工顺序。

五、进给路线的确定

确定进给路线时，要在保证被加工零件获得良好的加工精度和表面质量的前提下，力求计算容易，走刀路线短，空刀时间少。进给路线的确定与工件表面状况、要求的零件表面质量、机床进给机构的间隙、刀具耐用度以及零件轮廓形状等有关。确定进给路线主要考虑以下几个方面：

（1）铣削零件表面时，要正确选用铣削方式；

（2）进给路线尽量短，以减少加工时间；

（3）进刀、退刀位置应选在零件不太重要的部位，并且使刀具沿零件的切线方向进刀、退刀，以避免产生刀痕。在铣削内表面轮廓时，切入切出无法外延，铣刀只能沿法线方向切入和切出，此时，切入切出点应选在零件轮廓的两个几何元素的交点上；

（4）先加工外轮廓，后加工内轮廓。

10.3 任务实施

10.3.1 支承套零件的数控加工工艺编制

一、支承套的加工工艺

如图 10-1 所示为升降台铣床的支承套，在两个互相垂直的方向上有多个孔要加工，若在普通机床上加工，则需多次安装才能完成，且效率低，而在加工中心上加工，只需一次安装即可完成，现将其工艺介绍如下：

（一）分析图样并选择加工内容

支承套的材料为 45 钢，毛坯选棒料。支承套 ϕ35H7 孔对 ϕ100f9 外圆、ϕ60 mm 孔底平面对 ϕ35H7 孔、2×ϕ15H7 孔对端面 C 及端面 C 对 ϕ100f9 外圆均有位置精度要求。为便于在加工中心上定位和夹紧，将 ϕ100f9 外圆、$80^{+0.5}_{\ 0}$ mm 尺寸两端面、$78^{\ 0}_{-0.5}$ mm 尺寸上平面均安排在前面工序中由普通机床完成。其余加工表面（2×ϕ15H7 孔、ϕ35H7 孔、ϕ60 mm 孔、2×ϕ11 mm 孔、2×ϕ17 mm 孔、2×M8-6H 螺孔）确定在加工中心上一次安装完成。

（二）选择加工中心

因加工表面位于支承套互相垂直的两个表面（左侧面及上平面）上，需要两工位加工才能完成，故选择卧式加工中心。加工工步有钻孔、扩孔、镗孔、锪孔、铰孔及攻螺纹等，所需刀具不超过 20 把。国产 XH754 型卧式加工中心可满足上述要求。该机床工作台尺寸为 400 mm×400 mm，X 轴行程为 500 mm，Z 轴行程为 400 mm，Y 轴行程为 400 mm，主轴中心线至工作台的距离为 100～500 mm，主轴端面至工作台中心线的距离为 150～550 mm，主轴锥孔为 ISO40，定位精度和重复定位精度分别为 0.02 mm 和 0.01 mm，工作台分度精度和重复分度精度分别为 7″和 4″。

（三）工艺设计

1）选择加工方法

所有孔都是在实体上加工，为防钻偏，均先用中心钻钻引正孔，然后再钻孔。为保证 φ35H7 及 2×φ15H7 孔的精度，根据其尺寸，选择铰削作其最终加工方法。对 φ60 mm 的孔，根据孔径精度、孔深尺寸和孔底平面要求，用铣削方法同时完成孔壁和孔底平面的加工。各加工表面选择的加工方案如下：

φ35H7 孔：钻中心孔—钻孔—粗镗—半精镗—铰孔；

φ15H7 孔：钻中心孔—钻孔—扩孔—铰孔；

φ60 mm 孔：粗铣—精铣；

φ11 mm 孔：钻中心孔—钻孔；

φ17 mm 孔：锪孔（在 φ11 mm 底孔上）；

M6—6H 螺孔：钻中心孔—钻底孔—孔端倒角—攻螺纹。

2）确定加工顺序

为减少变换工位的辅助时间和工作台分度误差的影响，各个工位上的加工表面在工作台一次分度下按先粗后精的原则加工完毕。具体的加工顺序是：第一工位（B0°）：钻 φ35H7、2×φ11 mm 中心孔—钻 φ35H7 孔—钻 2×φ11 mm 孔—锪 2×φ17 mm 孔—粗镗 φ35H7 孔—粗铣、精铣 φ60 mm×12 孔—半精镗 φ35H7 孔—钻 2×M6—6H 螺纹中心孔—钻 2×M6—6H 螺纹底孔—2×M6—6H 螺纹孔端倒角—攻 2×M6—6H 螺纹—铰 φ35H7 孔；第二工位（B90°）：钻 2×φ15H7 中心孔—钻 2×φ15H7 孔—扩 2×φ15H7 孔—铰 2×15H7 孔。详见表 10-2 数控加工工序卡片。

3）确定装夹方案和选择夹具

φ35H7 孔、φ60 mm 孔、2×φ11 mm 孔及 2×φ17 mm 孔的设计基准均为 φ100f9 外圆中心线，遵循基准重合原则，选择 φ100f9 外圆中心线为主要定位基准。因 φ100f9 外圆不是整圆，故用 V 形块作定位元件。在支承套长度方向，若选右端面定位，则难以保证 φ17 mm 孔深尺寸 $11^{+0.5}_{0}$ mm（因工序尺寸 80 mm、11 mm 无公差），故选左端面定位。所用夹具为专用夹具，工件的装夹简图如图 10-9 所示。在装夹时应使工件上平面在夹具中保持垂直，以消除转动自由度。

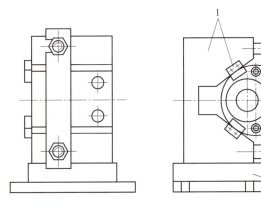

图 10-9 工件的装夹简图

1—定位元件；2—夹紧机构；3—工件；4—夹具体

4)选择刀具

各工步刀具直径根据加工余量和孔径确定,详见表 10-1 数控加工刀具卡片。刀具长度与工件在机床工作台上的装夹位置有关,在装夹位置确定之后,再计算刀具长度。

表 10-1 数控加工刀具卡片

产品名称或代号			零件名称	盖板	零件图号		程序编号	
工步号	刀具号	刀具名称		刀柄型号	刀 具		补偿值/mm	备注
					直径/mm	长度/mm		
1	T01	中心钻 ϕ3 mm		JT40-Z6-45	ϕ3	280		
2	T13	锥柄麻花钻 ϕ31 mm		JT40-M3-75	ϕ31	330		
3	T02	锥柄麻花钻 ϕ11 mm		JT40-M1-35	ϕ11	330		
4	T03	锥柄埋头钻 ϕ17 mm×11 mm		JT40-M2-50	ϕ17	300		
5	T04	粗镗刀 ϕ34 mm		JT40-TQC30-165	ϕ34	320		
6	T05	硬质合金立铣刀 ϕ32 mm		JT40-MW4-85	ϕ32T	300		
7	T05							
8	T06	镗刀 ϕ34.85 mm		JT40-TZC30-165	ϕ34.5	320		
9	T01							
10	T07	直柄麻花钻 ϕ5 mm		JT40-Z6-45	ϕ5	300		
11	T02							
12	T08	机用丝锥 M6 mm		JT40-G1JT3	M6	280		
13	T09	套式铰刀 ϕ35AH7		JT40-K19-140	ϕ35AH7	330		
14	T01							
15	T10	锥柄麻花钻 ϕ14 mm		JT40-M1-30	ϕ14	320		
16	T11	扩孔钻 ϕ14.85 mm		JT40-M2-50	ϕ14.85	320		
17	T12	铰刀 ϕ15AH7		JT40-M2-50	ϕ15AH7	320		
编制			审核		批准		共1页	第1页

(5)填写数控加工工艺卡片。如表 10-2 所示。

表 10-2 数控加工工序卡片

(工厂)	数控加工工艺卡片		产品名称或代号	零件名称	材料	零件图号
				支承套	45钢	
工序号	程序编号	夹具名称	夹具编号	使用设备		车间
		专用夹具		XH754		
工步号	工步内容	加工面	刀具号	刀具规格/mm	主轴转速/(r·mm^{-1})	进给速度/(mm·min^{-1})	背吃刀量/mm	备注
---	---	---	---	---	---	---	---	---
	B0°							
1	钻 φ35H 孔、2×φ17 mm×11 mm 孔中心孔		T01	φ3	1 200	40		
2	钻 φ35H 孔至 φ31 mm		T13	φ31	150	30		
3	钻 φ11 mm 孔		T02	φ11	500	70		
4	锪 2×φ17 mm		T03	φ17	150	15		
5	粗镗 φ35H7 孔至 φ34 mm		T04	φ34	400	30		
6	粗铣 φ60×12 mm 至 φ59 mm×11.5 mm		T05	φ32T	500	70		
7	精铣 φ60×12 mm		T05	φ32T	600	45		
8	半精镗 φ35H7 孔至 φ34.85 mm		T06	φ34.85	450	35		
9	钻 2×M6-6H 螺纹中心孔		T01		1 200	40		
10	钻 2×M6-6H 底孔至 φ5 mm		T07	φ5	650	35		
11	2×M6-6H 孔端倒角		T02		500	20		
12	攻 2×M6-6H 螺纹		T08	M6	100	100		
13	铰 φ35H7 孔		T09	φ35AH7	100	50		
	B90°							
14	钻 2×φ15H7 至中心孔		T01		1 200	40		
15	钻 2×φ15H7 至 φ14 mm		T10	φ14	450	60		
16	扩 2×φ15H7 至 φ14.85 mm		T11	φ14.85	200	40		
17	铰 2×φ15H7 孔		T12	φ15AH7	100	60		
编制		审核		批准			共1页	第1页

注:"B0°"和"B90°"表示加工中心上两个互成 90°的工位。

10.3.2 异形支架零件的数控加工工艺编制

一、零件工艺分析

如图 10-2 所示,该异形支架的材料为铸铁,毛坯为铸件。该工件结构复杂,精度要求较高,各加工表面之间有较严格的位置度和垂直度等要求,毛坯有较大的加工余量,零件的工艺刚性差,特别是加工 40h8 部分时,如用常规加工方法在普通机床上加工,很难达到图纸要求。原因是假如先在车床上一次加工完成 ϕ75js6 外圆、端面和 ϕ62J7 孔、$2\times2.2^{+0.12}_{0}$ 槽,然后在镗床上加工 ϕ55H7 孔,要求保证对 ϕ62J7 孔之间的对称度 0.06 mm 及垂直度 0.02 mm,就需要高精度机床和高水平操作工,一般是很难达到上述要求的。如果先在车床上加工 ϕ75js6 外圆及端面,再在镗床上加工 ϕ62J7 孔,$2\times2.2^{+0.12}_{0}$ 槽及 ϕ55H7 孔,这样虽然较易保证上述的对称度和垂直度,但却难以保证 ϕ62J7 孔与 ϕ75js6 外圆之间 ϕ0.03 mm 的同轴度要求,而且需要特殊刀具切 $2\times2.2^{+0.12}_{0}$ 槽。

另外,完成 40h8 尺寸需两次装卡,掉头加工,难以达到要求,ϕ55H7 孔与 40h8 尺寸需分别在镗床和铣床上加工完成,同样难以保证其对 B 孔的 0.02 mm 垂直度要求。

二、选择加工中心

通过零件的工艺分析,确定该零件在卧式加工中心上加工。根据零件外形尺寸及图纸要求,选定的仍是国产 XH754 型卧式加工中心。

三、设计工艺

1) 选择在加工中心上加工的部位及加工方案

ϕ62J7 孔	粗镗—半精镗—孔两端倒角—铰
ϕ55H7 孔	粗镗—孔两端倒角—精镗
$2\times2.2^{+0.12}_{0}$ 空刀槽	一次切成
44U 形槽	粗铣—精铣
R22 尺寸	一次镗
40h8 尺寸两面	粗铣左面—粗铣右面—精铣左面—精铣右面

2) 确定加工顺序

B0°:粗镗 R22 尺寸—粗铣 U 形槽—粗铣 40h8 尺寸左面→B180°:粗铣 40h8 尺寸右面→B270°:粗镗 ϕ62J7 孔—半精镗 ϕ62J7 孔—切 $2\times65^{+0.4}_{0}\times2.2^{+0.12}_{0}$ 空刀槽—ϕ62h7 孔两端倒角。B180°:粗镗 ϕ55H7 孔孔两端倒角→B0°:精铣 U 形槽—精铣 40h8 左端面→B180°:精铣 40h8 右端面—精镗 ϕ55H7 孔—B270°:铰 ϕ62J7 孔。具体工艺过程见表 10-4。

3) 确定装夹方案和选择夹具

支架在加工时,以 ϕ75js6 外圆及 26.5±0.15 尺寸上面定位(两定位面均在前面车床工序中先加工完成)。工件装夹简图如图 10-10 所示。

四、编制并填写数控加工工艺文件

(1) 填写数控加工刀具卡,如表 10-3 所示。

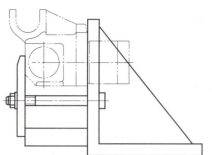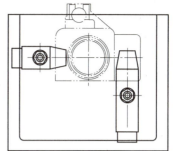

图 10-10　工件装夹示意图

表 10-3　数控加工刀具卡

产品名称或代号			零件名称	异形支架	零件图号		程序编号	
工步号	刀具号	刀具名称	刀柄型号	刀具		补偿值 /mm	备注
				直径/mm	长度/mm		
1	T01	镗刀 $\phi42$	JT40-TQC30-270	$\phi42$			
2	T02	长刃铣刀 $\phi25$	JT40-MW3-75	$\phi25$			
3	T03	立铣刀 $\phi30$	JT40-MW4-85	$\phi30$			
4	T03	立铣刀 $\phi30$	JT40-MW4-85	$\phi30$			
5	T04	镗刀 $\phi61$	JT40-TQC50-270	$\phi61$			
6	T05	镗刀 $\phi61.85$	JT40-TZC50-270	61.85			
7	T06	切槽刀 $\phi50$	JT40-M4-95	$\phi50$			
8	T07	倒角镗刀 $\phi66$	JT40-TZC50-270	$\phi66$			
9	T08	镗刀 $\phi54$	JT40-TZC40-240	$\phi54$			
10	T09	倒角刀 $\phi66$	JT40-TZC50-270	$\phi66$			
11	T02	长刃铣刀 $\phi25$	JT40-MW3-75	$\phi25$			
12	T10	镗刀 $\phi66$	JT40-TZC40-180	$\phi66$			
13	T10	镗刀 $\phi66$	JT40-TZC40-180	$\phi66$			
14	T11	镗刀 $\phi55H7$	JT40-TQC50-270	$\phi55H7$			
15	T12	铰刀 $\phi62J7$	JT40-K27-180	$\phi62J7$			
编制			审核		批准		共1页	第1页

(2) 填写数控加工工序卡,如表 10-4 所示。

表 10-4 数控加工工序卡片

(工厂)	数控加工工序卡片		产品名称或代号	零件名称	材料	零件图号
				导形支架	铸铁	
工序号	程序编号	夹具名称	夹具编号	使用设备		车间
		专用夹具		XH754		
工步号	工步内容	加工面	刀具号	刀具规格 /mm	主轴转速 /(r·min^{-1})	进给速度 /(mm·min^{-1})	背吃刀量 /mm	备注
---	---	---	---	---	---	---	---	---
	B0°							
1	粗镗刚尺寸、R22 尺寸		T01	φ42	300	45		
2	粗铣 U 形槽		T02	φ25	200	60		
3	粗铣 40h8 尺寸左面		T03	φ30	180	60		
	B180°							
4	粗铣 40h8 尺寸右面		T03	φ30	180	60		
	B270°							
5	粗镗 φ62J7 孔至 φ61		T04	φ61	250	80		
6	半精镗 φ62J7 孔至 φ61.85		T05	φ61.85	350	60		
7	切 2×φ65$_{0}^{+0.5}$×2.2$_{0}^{+0.12}$ 空刀槽		T06	φ50	200	20		
8	φ62J7 孔两端倒角		T07	φ66	100	40		
	B180°							
9	粗镗 φ55H7 孔至 φ54		T08	φ54	350	60		
10	φ55H7 孔两端倒角		T09	φ66	100	30		
	B0°							
11	精铣 U 形槽		T02	φ25	200	60		
12	精铣 40h 左端面至尺寸		T10	φ66	250	30		
	B180°							
13	精铣 40h 右端面至尺寸		T10	φ66	250	30		
14	精镗 φ55H7 孔至尺寸		T11	φ55H7	450	20		
	B270°							
15	铰 φ62J7 孔至尺寸		T12	φ62J7	100	80		
编制		审核		批准			共1页	第1页

企业专家点评：

东方电机股份有限公司教授级高级工程师吴伟：数控铣削加工工艺的关键是数控铣削刀具的正确选用，切削用量的合理选择，走刀路线的设计，以及特殊曲线的数值处理，另外加工中的刀具补偿的灵活使用对提高加工效率和加工精度有非常重要的影响。

复习与思考题

1. 数控铣床主要适合加工哪些内容？
2. 立式铣床与卧式铣床的主要区别是什么？
3. 数控加工中心和数控铣床的主要区别是什么？
4. 数控铣床上按工序集中原则加工时有什么优点？
5. 常用的数控铣削刀具有哪些？分别适合哪些场合？
6. 数控加工中心的换刀方式有哪些？各有什么特点？
7. 数控加工中心常用的刀柄形式有哪些？如何选择？
8. 数控铣削加工走刀路线的设计原则有哪些？
9. 在数控铣床上加工轮廓时，如何选择立铣刀？
10. 在数控铣床上加工平面时，如何选择面铣刀？
11. 数控铣削的切入、切出点如何选择？
12. 型腔加工的走刀路线如何选择？
13. 在数控铣床上采用刀具长度补偿有什么好处？
14. 在数控铣床上加工轮廓时，为什么要采用刀具半径补偿？
15. 在数控铣削加工中采用刀具半径补偿需要注意哪些问题？
16. 选择数控铣床时需要考虑哪些因素？
17. 数控铣削型腔时，走刀路线该如何设计？
18. 数控铣削中常用的夹具有哪些？如何选择？

教学单元 11
零件的特种加工工艺设计

11.1 任务引入

图 11-1 和图 11-2 分别为冲裁模的凸凹模和卡簧落料模凹模零件。分析其结构特点，采用常规的机械加工方法难度大或根本无法加工，只有采用特殊的加工方法和工艺加以解决。特种加工是直接利用电能、热能、光能、化学能、电化学能、声能等进行加工的工艺方法，与传统的切削加工方法相比，其加工机理完全不同。在模具生产中常用的有电火花成形加工、电火花线切割加工、电铸加工、电解加工、超声加工和化学加工等。本单元主要讲述特种加工方法中较为通用的一种方式：数控电火花成形加工和数控电火花线切割加工工艺，其主要任务是通过完成图 11-1 和图 11-2 所示零件的特种加工工艺设计分析，使学生掌握特种加工工艺设计方法。

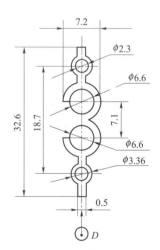

图 11-1 数字冲裁模的凸凹模

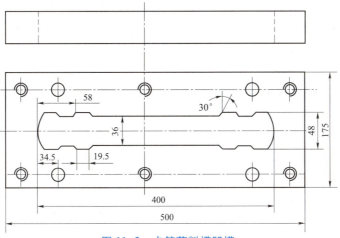

图 11-2 卡箍落料模凹模

11.2 相关知识

11.2.1 电火花成形加工

电火花成形加工又称放电加工（Electrical Discharge Machining，简称 EDM），它是在加工过程中，使工具和工件之间不断产生脉冲性的火花放电，靠放电时局部、瞬时产生的高温把金属蚀除下来。

一、电火花成形加工的原理、机理和特点

（一）电火花成形加工的原理

电火花成形加工的原理是基于工具和工件（正、负电极）之间脉冲火花放电时的电腐蚀现象来蚀除多余的金属，以达到对零件的尺寸、形状及表面质量预定的加工要求。要达到这一目的，必须创造下列条件：

（1）必须使接在不同极性上的工具和工件之间保持一定的距离以形成放电间隙。这个间隙的大小与加工电压、加工介质等因素有关，一般为 0.01~0.1 mm。在加工过程中还必须用工具电极的进给和调节装置来保持这个放电间隙，使脉冲放电能连续进行。

（2）脉冲波形基本是单向的。如图 11-3 所示，放电延续时间 t_i 称为脉冲宽度，t_i 应小于 10^{-3} s，以使放电产生的热量来不及从放电

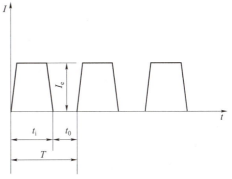

图 11-3 脉冲电流波形

t_i—脉冲宽度；t_0—脉冲间隔；T—脉冲周期；
I_e—电流峰值

点过多传导扩散到其他部位,只在极小的范围之内使金属局部熔化,直至汽化。相邻脉冲之间的间隔时间 t_0 称为脉冲间隔,它使放电介质有足够的时间恢复绝缘状态,以免引起持续电弧放电,烧伤加工表面。$T=t_i+t_0$ 称为脉冲周期。

(3) 放电必须在具有一定绝缘性能的液体介质中进行。液体介质能够将电蚀产物从放电间隙中排出,还可对电极表面进行较好的冷却。

目前大多数电火花成形机床采用煤油做工作液进行穿孔和型腔加工。在大功率工作条件下(如大型复杂型腔模的加工),为了避免煤油着火,采用燃点较高的机油、煤油与机油的混合油等作为工作液。近年来,新开发的水基工作液可使粗加工效率大幅度提高。

(4) 有足够的脉冲放电能量,以保证放电部位的金属熔化或汽化。图 11-4 为电火花加工系统原理图。自动进给调节装置能使工件和工具电极保持给定的放电间隙。脉冲电源输出的电压加在液体介质中的工件和工具电极(以下简称电极)上。当电压升高到间隙中介质的击穿电压时,会使介质在绝缘强度最低处被击穿,产生火花放电,如图 11-5 所示。瞬间高温使工件和电极表面都被蚀除掉一小块材料,形成小的凹坑。

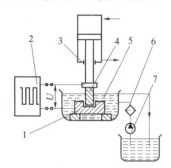

图 11-4 电火花成形加工原理

1—工件;2—脉冲电源;3—自动进给调节装置;
4—工具电极;5—工作液;6—过滤器;7—泵

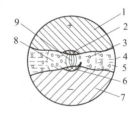

图 11-5 放电状况微观图

1—阳极;2—阳极气化、熔化区;3—熔化的金属微粒;
4—工作介质;5—凝固的金属微粒;6—阴极汽化、
熔化区;7—阴极;8—气泡;9—放电通道

(二)电火花成形加工的机理

火花放电时,电极表面的金属材料被蚀除的微观物理过程即所谓电火花加工的机理,了解这一微观过程,有助于掌握电火花成形加工的基本规律。

一次脉冲放电过程大致可分为以下四个连续的阶段:极间介质的电离、击穿,形成放电通道;介质热分解、电极材料熔化、汽化热膨胀;电极材料的抛出;极间介质的消电离。

(1) 极间介质的电离、击穿,形成放电通道。当脉冲电压施加于工具电极与工件之间时,两极之间立即形成一个电场。电场强度与电压成正比,与距离成反比,随着极间电压的升高或是极间距离的减小,极间电场强度也将随着增大,最终在最小间隙处使介质击穿而形成放电通道,电子高速奔向阳极,正离子奔向阴极,并产生火花放电,形成放电通道。放电状况如图 11-5 所示。

(2) 电极材料熔化、汽化热膨胀。由于放电通道中电子和离子高速运动时相互碰撞,产生大量的热能。两极之间沿通道形成了一个温度高达 10 000℃～12 000℃ 的瞬时高温热源,电极和工件表面层金属会很快熔化,甚至汽化。汽化后的工作液和金属蒸气瞬时间体积猛增,迅速热膨胀,具有爆炸的特性。

（3）电极材料的抛出。通道和正负极表面放电点瞬时高温使工作液汽化和金属材料熔化、汽化，热膨胀产生很高的瞬时压力。通道中心的压力最高，使汽化的气体体积不断向外膨胀，形成一个扩张的"气泡"，气泡上下、内外的瞬时压力并不相等，压力高处的熔融金属液体和蒸气就被排挤、抛出而进入工作液中冷却，凝固成细小的圆球状颗粒，其直径视脉冲能量而异（一般为 0.1～500 μm），电极表面则形成一个周围凸起的微小圆形凹坑，如图 11-6 所示。

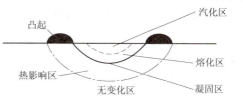

图 11-6　放电凹坑剖面示意图

（4）极间介质的消电离。随着脉冲电压的结束，脉冲电流也迅速降为零，标志着一次脉冲放电结束，但此后仍应有一段间隔时间，使间隙介质消电离，恢复本次放电通道处间隙介质的绝缘强度，以实现下一次脉冲击穿放电。如果电蚀产物和气泡来不及很快排除，就会改变间隙内介质的成分和绝缘强度，破坏消电离过程，易使脉冲放电转变为连续电弧放电，影响加工。

可见，为保证电火花加工过程正常地进行，在两次脉冲放电之间应有足够的脉冲间隔时间 t_0，使一次脉冲放电之后，两极间的电压急剧下降到接近于零，间隙中的电介质立即恢复到绝缘状态。此后，两极间的电压再次升高，又在另一处绝缘强度最小的地方重复上述放电过程。多次脉冲放电的结果，使整个被加工表面由无数小的放电凹坑构成，如图 11-7 所示。工具电极的轮廓形状便被复制在工件上，达到加工的目的。

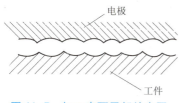

图 11-7　加工表面局部放大图

（三）电火花成形加工的特点

（1）便于加工用机械加工难以加工或无法加工的材料，如淬火钢、硬质合金、耐热合金等。

（2）电极和工件在加工过程中不接触，两者间的宏观作用力很小，所以便于加工小孔、深孔、窄缝零件，而不受电极和工件刚度的限制；对于各种型孔、立体曲面、复杂形状的工件，均可采用成形电极一次加工。

（3）电极材料不必比工件材料硬。

（4）直接利用电、热能进行加工，便于实现加工过程的自动控制。

由于电火花加工有其独特的优点，加上电火花加工工艺技术水平的不断提高和电火花机床的普及，其应用领域日益扩大，已在模具制造、机械、宇航、航空、电子等部门用来解决各种难加工的材料和复杂形状零件的加工问题。

二、影响电火花成形加工工艺的主要因素

（一）影响材料腐蚀的主要因素

电火花成形加工过程中，材料被放电腐蚀的规律是十分复杂的综合性问题。研究影响材料腐蚀的因素，对于应用电火花加工方法，提高电火花加工的生产率，降低工具电极的损耗是极为重要的。

1) 极性效应对电蚀量的影响

在脉冲放电过程中,工件和电极都要受到电腐蚀。但正、负两极的蚀除速度不同,这种两极蚀除速度不同的现象称为极性效应。产生极性效应的基本原因是由于电子的质量小,其惯性也小,在电场力作用下容易在短时间内获得较大的运动速度,即使采用较短的脉冲进行加工也能大量、迅速地到达阳极,轰击阳极表面。而正离子由于质量大,惯性也大,在相同时间内所获得的速度远小于电子,当采用短脉冲进行加工时,大部分正离子尚未到达负极表面,脉冲便已结束,所以负极的蚀除量小于正极。但是,当用较长的脉冲加工时,正离子可以有足够的时间加速,获得较大的运动速度,并有足够的时间到达负极表面,加上它的质量大,因而正离子对负极的轰击作用远大于电子对正极的轰击,负极的蚀除量则大于正极。在电火花加工过程中,极性效应越显著越好,通过充分利用极性效应,合理选择加工极性,以提高加工速度,减少电极的损耗。在实际生产中把工件接正极的加工称为"正极性加工"或"正极性接法"。工件接负极的加工称为"负极性加工"或"负极性接法"。极性的选择主要靠实验确定。

2) 电参数对电蚀量的影响

电参数主要是指脉冲宽度 t_i、脉冲间隔 t_0、脉冲频率 f、峰值电流 I_e 等。

单位时间内从工件上蚀除的金属量就是电火花加工的生产率。研究结果表明,在电火花加工过程中,生产率的高低受加工极性、工件材料的热学物理常数、电参数、电蚀产物的排除情况等因素的影响。生产率与脉冲参数之间的关系可用经验公式表示为:

$$V_w = K_w W_e f$$

式中　V_w——电火花加工的生产率,单位为 g/min;

　　　K_w——系数(与电极材料、脉冲参数、工作液成分等因素有关);

　　　W_e——单个脉冲能量,单位为 J;

　　　f——脉冲频率,单位为 Hz。

由上式可知,提高电蚀量和生产率的途径在于:提高脉冲频率 f;增加单个脉冲能量 W_e 或者增加矩形脉冲的峰值电流和脉冲宽度 t_i;减小脉冲间隔 t_0;设法提高系数 K_w。实际生产时要考虑到这些因素之间的相互制约关系和对其他工艺指标的影响。

增加单个脉冲能量将使单个脉冲的电蚀量增大,使电蚀表面粗糙度的评定参数 Ra 值增大,从而使被加工表面的粗糙度显著增大。因此,用增大单个脉冲能量的办法来提高生产率,只能在粗加工或半精加工时采用。提高脉冲频率脉冲间隔太小会使工作液来不及通过消电离恢复绝缘,使间隙经常处于击穿状态,形成连续的电弧放电,破坏电火花加工的稳定性,影响加工质量。减小脉冲宽度虽然可以提高脉冲频率但会降低单个脉冲能量,因此只能在精加工时采用。

用提高系数 K_w 也可以相应地提高生产率。其途径很多,例如合理选用电极材料和工作液,改善工作液循环过滤方式,及时排除放电间隙中的电蚀产物等。

3) 金属材料热学常数对电蚀量的影响

所谓热学常数是指熔点、沸点(汽化点)、热导率、比热容、熔化热、汽化热等。表 11-1 所列为几种常见材料的热学物理常数。

表 11-1 常用材料的热学常数

热学物理常数	材料				
	铜	石墨	钢	钨	铝
熔点 T_a/℃	1 083	3 727	1 535	3 410	657
比热容 c/[J·(kg·K)$^{-1}$]	393.56	1 674.7	695.0	154.91	1 004.8
熔化热 q_i/(J·kg^{-1})	179 258.4	—	209 340	159 098.4	385 185.6
沸点 T_A/℃	2 595	4 830	3 000	5 930	2 450
汽化热 q_q/(J·kg^{-1})	5 304 256.9	46 054 800	6 290 667	—	10 894 053.6
热导率 λ/[J·(cm·s·K)$^{-1}$]	3.998	0.800	0.816	1.700	2.378
热扩散率 a/(cm^2·s^{-1})	1.179	0.217	0.150	0.568	0.920
密度 ρ/(g·cm^{-3})	8.9	2.2	7.9	10.3	2.54

注：1. 热导率为 0℃ 时的值。
    2. 热扩散率 $a = \lambda/c\rho$。

当脉冲放电能量相同时，金属的熔点、沸点、比热容、熔化热、汽化热越高，电蚀量将越少，越难加工；另一方面，热导率越大的金属，由于较多地把瞬时产生的热量传导散失到其他部位，因而降低了本身的蚀除量。

另外，电火花加工过程中，工作液的作用是：形成火花击穿放电通道，并在放电结束后迅速恢复间隙的绝缘状态；对放电通道产生压缩作用；帮助电蚀产物的抛出和排除；对工具、工件的冷却作用。因而对电蚀量也有较大的影响。

加工过程不稳定将干扰以致破坏正常的火花放电，使有效脉冲利用率降低。随着加工深度、加工面积的增加，或加工型面复杂程度的增加，都不利于电蚀产物的排出，影响加工稳定性，降低加工速度，严重时将造成结炭拉弧，使加工难以进行。为了改善排屑条件，提高加工速度和防止拉弧，常采用强迫冲油和工具电极定时抬刀等措施。

（二）影响加工精度的因素

工件的加工精度除受机床精度、工件的装夹精度、电极制造及装夹精度影响之外，主要受放电间隙和电极损耗的影响。

（1）电极损耗对加工精度的影响。在电火花加工过程中，电极会受到电腐蚀而损耗，电极的不同部位，其损耗不同。电极的尖角、棱边等突起部位的电场强度较强，易形成尖端放电，所以这些部位比平坦部位损耗要快。电极的不均匀损耗必然使加工精度下降。所以电火花穿孔加工时，电极可以贯穿型孔而补偿电极的损耗，型腔加工时则无法采用这一方法，精密型腔加工时可采用更换电极的方法。

（2）放电间隙对加工精度的影响。电火花加工时，电极和工件之间发生脉冲放电需保持一定的放电间隙。由于放电间隙的存在，使加工出的工件型孔（或型腔）尺寸和电极尺寸相比，沿加工轮廓要相差一个放电间隙（单边间隙）。如果加工过程中放电间隙保持不变，通常可以通过修正工具电极的尺寸对放电间隙进行补偿，以获得较高的加工精度。然而，在实际加工过程中放电间隙是变化的，加工精度因此受到一定程度的影响。要使放电间隙保持稳定，必须使脉冲电源的电参数保持稳定。同时还应使机床精度和刚度也保持稳定。特别要注意电蚀产物在间隙中的滞留而引起的二次放电对放电间隙的影响。

此外，放电间隙的大小对加工精度（尤其是仿形精度）也有影响，特别对于复杂形状表面的加工，棱角部位电场强度分布不均，间隙越大，影响越严重。因此，为了降低加工误差，应采用较小的加工规准。粗加工单面放电间隙值一般为 0.5 mm；精加工单面放电间隙值则能达到 0.01 mm。

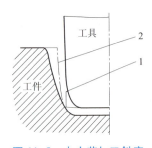

图 11-8　电火花加工斜度
1—电极无损耗时工件轮廓线；
2—电极有损耗而不考虑二次放电时的工件轮廓线

(3) 加工斜度对加工精度的影响。在加工过程中随着加工深度的增加，二次放电次数增多，侧面间隙逐渐增大，使被加工孔入口处的间隙大于出口处的间隙，出现加工斜度，使加工表面产生形状误差，如图 11-8 所示。二次放电的次数越多，单个脉冲的能量越大，则加工斜度越大。二次放电的次数与电蚀产物的排除条件有关。因此，应从工艺上采取措施及时排除电蚀产物，使加工斜度减小。

（三）影响表面质量的因素

（1）表面粗糙度。电火花加工后的表面，是由脉冲放电时所形成的大量凹坑排列重叠而形成的。表面粗糙度与脉冲宽度、峰值电流的关系如图 11-9 所示。

由图 11-9 可知：

① 表面粗糙度随脉冲宽度增大而增大；

② 表面粗糙度随峰值电流的增大而增大；

③ 为了提高表面粗糙度必须减小脉冲宽度和峰值电流；

④ 在粗加工时，提高生产率以增加脉宽和减小间隔为主；精加工时，以减小脉冲宽度来降低表面粗糙度。

电火花成形加工的表面粗糙度，粗加工一般可达 $Ra = 25 \sim 12.5\ \mu m$；精加工可达 $Ra = 3.2 \sim 0.8\ \mu m$；微细加工可达 $Ra = 0.8 \sim 0.2\ \mu m$。加工熔点高的硬质合金等可获得比钢更好的粗糙度。由于电极的相对运动，侧壁粗糙度比底面小。近年来研制的超光脉冲电源已使电火花成形加工的粗糙度达到 $Ra = 0.20 \sim 0.10\ \mu m$。

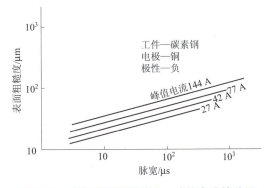

图 11-9　表面粗糙度与脉宽、峰值电流的关系

（2）表面变化层。经电火花加工后的表面将产生包括凝固层和热影响层的表面变化层。

凝固层是工件表层材料在脉冲放电的瞬时高温作用下熔化后未能抛出，在脉冲放电结束后迅速冷却、凝固而保留下来的金属层。其晶粒非常细小，有很强的抗腐蚀能力。热影响层位于凝固层和工件基体材料之间，该层金属受到放电点传来的高温的影响，使材料的金相组织发生了变化。对未淬火钢，热影响层就是淬火层。对经过淬火的钢，热影响层是重新淬火层。

表面变化层的厚度与工件材料及脉冲电源的电参数有关，它随着脉冲能量的增加而增厚。粗加工时变化层一般为 0.1～0.5 mm，精加工时一般为 0.01～0.05 mm。凝固层的硬度一般比较高，故电火花加工后的工件耐磨性比机械加工好，但是，随之而来的是增加了钳工研磨、抛光的难度。

三、电火花穿孔加工

用电火花成形加工方法加工通孔称为电火花穿孔加工。它在模具制造中主要用于切削加工方法难于加工的凹模型孔。用电火花加工的冲模，容易获得均匀的配合间隙和所需的落料斜度，刃口平直耐磨，可以相应地提高冲件质量和模具的使用寿命。但加工中电极的损耗影响加工精度，难以达到小的表面粗糙度，要获得小的棱边和尖角也比较困难。

（一）保证凸、凹模配合间隙的方法

对于冷冲模，其凸、凹模配合间隙是一个很重要的技术指标，在电火花加工中，常用的保证凸、凹模配合间隙的工艺方法有以下几种：

（1）直接法。直接法是用加长的钢凸模作电极加工凹模的型孔，加工后将凸模上的损耗部分去除。凸、凹模的配合间隙靠控制脉冲放电间隙来保证。用这种方法可以获得均匀的配合间隙，模具质量高，不需另外制造电极，工艺简单。但是，钢凸模做电极加工速度低，加工不稳定。此方法适用于形状复杂的凹模或多型孔凹模，如电机转子、定子矽钢片冲模。

（2）混合法。混合法是凸模的加长部分，选用与凸模不同的材料，如铸铁、铜等黏接或钎焊在凸模上，与凸模一起加工，以黏接或钎焊部分作穿孔电极的工作部分，加工后，再将电极部分去除。此方法电极材料可选择，因此，电加工性能比直接法好。电极与凸模连接在一起加工，电极形状和尺寸与凸模一致，加工后凸、凹模配合间隙均匀，是一种使用较广泛的方法。

当凸、凹模配合间隙很小时，过小的放电间隙使加工困难。此时，可将电极的工作部分用化学浸蚀法蚀除一层金属，使断面尺寸均匀缩小 $\delta-\dfrac{z}{2}$（z 为凸、凹模双边配合间隙；δ 为单边放电间隙）。反之，当凸、凹模的配合间隙较大，可以用电镀法将电极工作部位的断面尺寸均匀扩大 $\dfrac{z}{2}-\delta$，以满足加工时的间隙要求。

（3）修配凸模法。凸模和工具电极分别制造，在凸模上留一定的修配余量，按电火花加工好的凹模型孔修配凸模，达到所要求的凸、凹模配合间隙。这种方法的优点是电极可以选用电加工性能好的电极材料，因为凸、凹模的配合间隙是靠修配凸模来保证。其缺点是增加了制造电极和钳工修配的工作量，而且不易得到均匀的配合间隙。故修配凸模法只适合于加工形状比较简单的冲模。

（4）二次电极法。二次电极法是利用一次电极制造出二次电极，再分别用一次和二次电极加工出凹模和凸模，并保证凸、凹模配合间隙。一般用于两种情况：一是一次电极为凹型，用于凸模制造有困难者；二是一次电极为凸型，用于凹模制造有困难者。图 11-10 是二次电极为凸型电极时的加工方法，其工艺过程为：根据模具尺寸要求设计并制造一次凸型电极→用一次电极加工出凹模（见图 11-10（a））→用一次电极加工出凹型二次电极（见图 11-10（b））→用二次电极加工出凸模（见图 11-10（c））→凸、凹模配合，保证配

合间隙（见图 11-10（d））。图中 δ_1、δ_2、δ_3 分别为加工凹模、二次电极和凸模时的放电间隙。

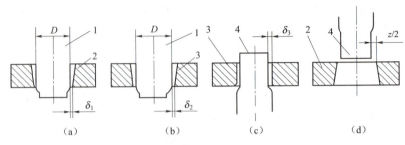

图 11-10　二次电极法

(a) 加工凹模；(b) 制造二次电极；(c) 加工凸模；(d) 凸、凹模配合
1——次电极；2—凹模；3—二次电极；4—凸模

用二次电极法加工，由于操作过程较为复杂，一般不常采用，但此法能合理调整放电间隙 δ_1、δ_2、δ_3，可加工无间隙或间隙极小的精冲模。对于硬质合金模具，在无成形磨削设备时可采用二次电极法加工凸模。

由于电火花加工要产生加工斜度，型孔加工后其孔壁要产生倾斜，为防止型孔的工作部分产生反向斜度影响模具正常工作，在穿孔加工时应将凹模的底面向上，如图 11-10（a）所示。加工后将凸模、凹模按照图 11-10（d）所示方式进行装配。

（二）电极设计

凹模型孔的加工精度与电极的精度和穿孔时的工艺条件密切相关。为了保证型孔的加工精度，在设计电极时必须合理选择电极材料和确定电极尺寸。此外，还要使电极在结构上便于制造和安装。

1）电极材料

根据电火花加工原理，应选择损耗小、加工过程稳定、生产率高、机械加工性能良好、来源丰富、价格低廉的材料做电极材料。常用电极材料的种类和性能见表 11-2。

表 11-2　常用电极材料的性质

电极材料	电火花加工性能		机械加工性能	说　　　明
	加工稳定性	电极损耗		
钢	较差	中等	好	在选择电参数时应注意加工的稳定性，可以凸模做电极
铸铁	一般	中等	好	
石墨	尚好	较小	尚好	机械强度较差，易崩角
黄铜	好	大	尚好	电极损耗太大
紫铜	好	较小	较差	磨削困难
铜钨合金	好	小	尚好	价格贵，多用于深孔、直壁孔、硬质合金穿孔
银钨合金	好	小	尚好	价格昂贵，用于精密及有特殊要求的加工

2）电极结构

电极结构的形式主要有整体式电极、组合式电极和镶拼式电极。

（1）整体式电极。整个电极用一块材料加工而成，如图 11-11（a）所示，是最常用的结构形式。

（2）组合式电极。在同一工件上有多个型孔或型腔时，在某些情况下可以把多个电极组合在一起，如图 11-11（b）所示，一次可同时完成多型孔或多型腔的加工。

（3）镶拼式电极。对形状复杂的电极整体加工有困难时，常将其分成几块，分别加工后再镶拼整体，如图 11-11（c）所示。这样可节省材料，且便于制造。

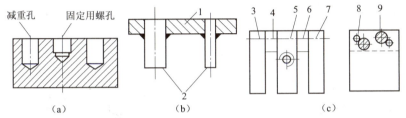

图 11-11　电极的结构形式

（a）整体式电极；（b）组合式电极；（c）镶拼式电极
1—固定板；2—电极；3、4、5、6、7—电极拼块；8—定位销；9—固定螺钉

（4）分解式电极。在加工过程中，电极的尖角、棱边等凸起部位易形成尖端放电，所以这些部位比平坦部位损耗要快，为提高其加工精度，在设计电极时可将其分解为主电极和副电极，先用主电极加工型腔或型孔的主要部分，再用副电极加工尖角窄缝等部位。

3）电极尺寸

（1）电极横截面尺寸是指垂直于电极进给方向的电极截面尺寸。在凸、凹模图样上的公差有不同的标注方法。当凸模与凹模分开加工时，在凸、凹模图样上均标注公差；当凸模与凹模配合加工时，落料模将公差注在凹模上（冲孔模将公差注在凸模上），落料凸模（冲孔凹模）只标注基本尺寸。因此，电极截面尺寸分别按下述两种情况计算。

① 当按凹模型孔尺寸及公差确定电极的横截面尺寸时，电极的轮廓应比型孔均匀地缩小一个放电间隙值。如图 11-12 所示，与型孔尺寸相对应的电极尺寸为：

$$a = A - 2\delta$$
$$b = B + 2\delta$$
$$c = C + \delta$$
$$r_1 = R_1 + \delta$$
$$r_2 = R_2 - \delta$$

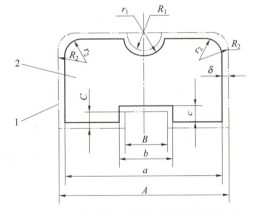

图 11-12　按型孔尺寸计算电极横截面尺寸
1—型孔轮廓；2—电极横截面

式中　A、B、C、R_1、R_2——型孔基本尺寸，单位为 mm；
　　　a、b、c、r_1、r_2——电极横截面基本尺寸，单位为 mm；

δ——单边放电间隙,单位为 mm。

② 当按凸模尺寸和公差确定电极的横截面尺寸时,随凸模、凹模配合间隙 z(双面)的不同,分为三种情况:

(a) 配合间隙等于放电间隙 ($z=2\delta$) 时,此时电极与凸模截面基本尺寸完全相同。

(b) 配合间隙小于放电间隙 ($z<2\delta$) 时,电极轮廓应比凸模轮廓均匀地缩小一个值: $\frac{1}{2}(2\delta-z)$。如图 11-13 所示。

(c) 配合间隙大于放电间隙 ($z>2\delta$) 时,电极轮廓应比凸模轮廓均匀地放大一个值: $\frac{1}{2}(2\delta-z)$。如图 11-14 所示。

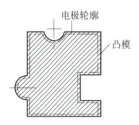

图 11-13 按凸模均匀缩小的电极

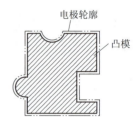

图 11-14 按凸模均匀放大的电极

(2) 电极长度尺寸的确定。电极的长度取决于凹模结构形式、型孔的复杂程度、加工深度、电极材料、电极使用次数、装夹形式及电极制造工艺等一系列因素,可按图 11-15 进行计算。

$$L = Kt + h + l + (0.4 \sim 0.8)(n-1)Kt$$

式中 t——凹模有效厚度(电火花加工的深度),单位为 mm;

h——当凹模下部挖空时,电极需要加长的长度,单位为 mm;

l——为夹持电极而增加的长度(约为 10~20 mm);

n——电极的使用次数;

K——与电极材料、型孔复杂程度等因素有关的系数。K 值选用的经验数据:紫铜为 2~2.5;黄铜为 3~3.5;石墨为 1.7~2;铸铁为 2.5~3;钢为 3~3.5。当电极材料损耗小、型孔简单、电极轮廓无尖角时,K 取小值;反之取大值。

当加工硬质合金时,由于电极损耗较大,电极长度应适当加长些,但其总长度不宜过长,否则制造困难。

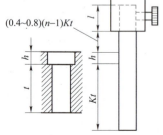

图 11-15 电极长度尺寸

(3) 电极的技术要求。电极的技术要求:电极横截面的尺寸公差取模具刃口相应尺寸公差的 $\frac{1}{2} \sim \frac{2}{3}$;电极在长度方向上的尺寸公差没有严格要求;电极侧面的平行度误差在 100 mm 长度上不超过 0.01 mm;电极工作表面的粗糙度不大于型孔的表面粗糙度;电极形状精度不应低于型孔要求,并应避免在长度方向呈鞍形、鼓形或锥形；凹模有圆角要求时，电极上相应部位的内外半径应尽量小；当无圆角要求时，电极应尽量设小圆角。

（三）凹模模坯准备

凹模模坯准备是指电火花加工前的全部加工工序。常用的凹模模坯准备工序见表 11-3。为了提高电火花加工的生产率和便于工作液强迫循环，凹模模坯应去除型孔废料，留 0.25～1 mm 的单边余量作为电火花穿孔余量。为了避免淬火变形的影响，电火花穿孔加工应在淬火后进行。

表 11-3 常用的凹模模坯准备工序

序号	工　序	加工内容及技术要求
1	下料	用锯床割断所需的材料，包括需切削的材料
2	锻造	锻造所需的形状，并改善其内部组织
3	退火	消除锻造后的内应力，并改善其加工性能
4	刨（铣）	刨（铣）四周及上下二平面，厚度留余量 0.4～0.6 mm
5	平磨	磨上下平面及相邻两侧面，对角尺，精度达 $Ra 0.63～1.25\ \mu m$
6	划线	钳工按型孔及其他安装孔划线
7	钳工	钻排孔，除掉型孔废料
8	插（铣）	插（铣）出型孔，单边留余量 0.3～0.5 mm
9	钳工	加工其余各孔
10	热处理	按图样要求淬火
11	平磨	磨上下两面，为使模具光整，最好再磨四侧面
12	退磁	退磁处理（目前因机床性能提高，大多可省略）

（四）电规准的选择与转换

电火花加工中所选用的一组电脉冲参数称为电规准。电规准应根据工件的加工要求、电极和工件材料、加工的工艺指标等因素来选择。选择的电规准是否恰当，不仅影响模具的加工精度，还直接影响加工的生产率。在生产中主要通过工艺试验确定。通常要用几个规准才能完成凹模型孔加工的全过程。电规准分为粗、中、精三种。从一个规准调整到另一个规准称为电规准的转换。

（1）粗规准。主要用于粗加工。对它的要求是生产率高，工具电极损耗小。被加工表面的粗糙度 $Ra>12.5\ \mu m$。所以粗规准一般采用较大的电流峰值，较长的脉冲宽度（$t_i = 20～60\ \mu s$）。

（2）中规准。是粗、精加工间过度性加工所采用的电规准，用以减小精加工余量，促进加工稳定性和提高加工速度。中规准采用的脉冲宽度一般为 $6～20\ \mu s$。被加工表面粗糙度 $Ra = 3.2～6.3\ \mu m$。

（3）精规准。用来进行精加工，要求在保证冲模各项技术要求（如配合间隙、表面粗糙度和刃口斜度）的前提下尽可能提高生产率。故多采用小的电流峰值、高频率和短的脉冲宽度（$t_i = 2\sim 6$ μs）。被加工表面粗糙度可达 $Ra = 0.8\sim 1.6$ μm。

粗、精规准的正确配合，可以较好地解决电火花加工的质量和生产率之间的矛盾。粗规准加工时，排屑容易，冲油压力应小些；转入精规准后加工深度增加，放电间隙小，排屑困难，冲油压力应逐渐增大；当穿透工件时，冲油压力适当降低。对加工斜度、粗糙度要求较小和精度要求较高的冲模加工，要将上部冲油改为下端抽油，以减小二次放电的影响。

四、电火花型腔加工

用电火花成形加工方法进行型腔加工比加工凹模型孔困难得多。型腔加工属于盲孔加工，金属蚀除量大，工作液循环困难，电蚀产物排除条件差，电极损耗不能用增加电极长度和进给来补偿；加工面积大，加工过程中要求电规准的调节范围也较大；型腔复杂，电极损耗不均匀，影响加工精度。因此，型腔加工要从设备、电源、工艺等方面采取措施来减小或补偿电极损耗，以提高加工精度和生产率。

与机械加工相比，电火花加工的型腔加工质量好、粗糙度小、减少了切削加工和工人劳动，使生产周期缩短。近年来它已成解决型腔加工的一种重要手段。

（一）型腔加工的工艺方法

1）单电极加工方法

单电极加工法是指用一个电极加工出所需型腔。用于下列几种情况：

（1）用于加工形状简单、精度要求不高的型腔。

（2）用于加工经过预加工的型腔。为了提高电火花加工效率，型腔在电加工之前采用切削加工方法进行预加工，并留适当的电火花加工余量，在型腔淬火后用一个电极进行精加工，达到型腔的精度要求。在能保证加工成形的条件下电加工余量越小越好。一般型腔侧面余量单边留 $0.1\sim 0.5$ mm，底面余量留 $0.2\sim 0.7$ mm。如果是多台阶复杂型腔则余量应适当减小。电加工余量应均匀，否则将使电极损耗不均匀，影响成形精度。

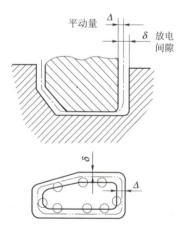

图 11-16 平动头扩大间隙原理图

（3）用单电极平动法加工型腔。单电极平动法在型腔模电火花加工中应用最广泛，它是采用一个电极完成形腔的粗、中、精加工的。首先采用低损耗、高生产率的粗规准进行加工，然后利用平动头作平面小圆运动，如图 11-16 所示，按照粗、中、精的顺序逐级改变电规准。与此同时，依次加大电极的平动量，以补偿前后两个加工规准之间型腔侧面放电间隙差和表面微观不平度差，实现型腔侧面仿型修光，完成整个型腔模的加工。

采用数控电火花加工机床时，是利用工作台按一定轨迹做微量移动来修光侧面的，为区别于夹持在主轴头上的平动头的运动，通常将其称作摇动。摇动轨迹是靠数控系统产生的，所以具有更灵活多样的模式，除了小圆轨迹运动外，还有方形、十字形运动，因此更能适应复杂形状的型腔侧面修光的需要，尤其可以做到尖角处的"清根"，这是平动头所无法做到的。图 11-17（a）基本摇动模式，图 11-17（b）作变半径圆形摇动主轴上下数控联动，可以修光或加工出锥面、球面。

目前我国生产的数控电火花机床，有单轴数控（主轴 Z 向、垂直方向）、三轴数控（主

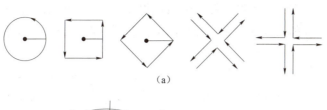

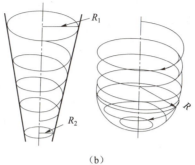

图 11-17 几种典型的摇动模式和加工

(a) 基本摇动模式；(b) 锥度摇动模式

R_1—起始半径；R_2—终了半径；R—球面半径

轴 Z 向、水平轴 X、Y 方向），和四轴数控（主轴能数控回转及分度，称为 C 轴，加 Z、X、Y），如果在工作台上加双轴数控回转台附件（绕 X 轴转动的称 A 轴，绕 Y 轴转动的称 B 轴），这样就成为六轴数控机床了。

2) 多电极加工法。多电极加工法是用多个电极，依次更换加工同一个型腔，如图 11-18 所示。每个电极都要对型腔的整个被加工表面进行加工，但电规准各不相同。所以设计电极时必须根据各电极所用电规准的放电间隙来确定电极尺寸。每更换一个电极进行加工，都必须把被加工表面上，由前一个电极加工所产生的电蚀痕迹完全去除。

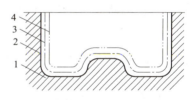

图 11-18 多电极加工示意图

1—模块；2—精加工后的型腔；
3—中加工后的型腔；4—粗加工后的型腔

用多电极加工法加工的型腔精度高，尤其适用于加工尖角、窄缝多的型腔。其缺点是需要制造多个电极，并且对电极的制造精度要求很高，更换电极需要保证高的定位精度。因此，这种方法一般只用于精密型腔加工。

3) 分解电极法。分解电极法是根据型腔的几何形状，把电极分解成主型腔电极和副型腔电极分别制造。先用主型腔电极加工型腔主要部分，再用副型腔电极加工出尖角、窄缝型腔等部位。此法能根据主、副型腔的不同加工条件，选择不同的电规准，有利于提高加工速度和加工质量，使电极容易制造和整修，但主、副型腔电极的安装精度高。

（二）电极设计

1) 电极的材料

型腔加工常用电极材料使电极易于制造和修整。主要是石墨和紫铜，其性能见表 11-2。紫铜组织致密，适用于形状复杂、轮廓清晰、精度要求较高的塑料成形模、压铸模等，但机械加工性能差，难以成形磨削；由于密度大、价格贵，不宜作大、中型电极。石墨电极容易成形,密度小,所以宜作大、中型电极。但机械强度较差,在采用宽脉冲大电流加工时,容易起弧烧伤。铜钨合金和银钨合金是较理想的电极材料,但价格贵,只用于特殊型腔加工。

2)电极结构

整体式电极,适用于尺寸大小和复杂程度一般的型腔。镶拼式电极,适用于型腔尺寸较大、单块电极坯料尺寸不够或电极形状复杂,将其分块才易于制造的情况。组合式电极,适用于一模多腔时采用,以提高加工速度,简化各型腔之间的定位工序,易于保证型腔的位置精度。

3)电极尺寸的确定

加工型腔的电极,其尺寸大小与型腔的加工方法、加工时的放电间隙、电极损耗及是否采用平动等因素有关。电极设计时需确定的电极尺寸如下:

(1)电极的横截面尺寸的确定。当型腔经过预加工,采用单电极进行电火花精加工时,其电极的横截面尺寸确定与穿孔加工相同,只要考虑放电间隙即可。当型腔采用单电极平动加工时,需考虑的因素较多,其计算公式为:

$$a = A \pm Kb$$

式中　a——电极横截面的基本尺寸,单位为 mm;

　　　A——型腔的基本尺寸,单位为 mm;

　　　K——与型腔尺寸标注有关的系数;

　　　b——电极单边缩放量,单位为 mm。

$$b = e + \delta_j - \gamma_j$$

式中　e——平动量,一般取 0.5~0.6 mm;

　　　δ_j——精加工最后一挡规准的单边放电间隙。最后一挡规准通常指粗糙度 $Ra<0.8$ μm 时的 δ_j 值,一般为 0.02~0.03 mm;

　　　γ_j——精加工(平动)时电极侧面损耗(单边),一般不超过 0.1 mm,通常忽略不计。

式中的"±"及 K 值按下列原则确定:如图 11-19 所示,与型腔凸出部分相对应的电极凹入部分的尺寸(如图 11-19 中的 r_2、a_2)应放大,即用"+"号;反之,与型腔凹入部分相对应的电极凸出部分的尺寸(如图 11-19 中的 r_1、a_1)应缩小,即用"−"号。

当型腔尺寸以两加工表面为尺寸界线标注时,若蚀除方向相反(如图 11-19 中 A_1)取 $K=2$;若蚀除方向相同(如图 11-19 中 C),取 $K=0$。当型腔尺寸以中心线或非加工面为基准标注(如图 11-19 中 R_1、R_2)时,取 $K=1$;凡与型腔中心线之间的位置尺寸以及角度尺寸相对应的电极尺寸不缩不放时,取 $K=0$。

(2)电极垂直方向尺寸即电极在平行于主轴轴线方向上的尺寸,如图 11-20 所示。可按下式计算

$$h = h_1 + h_2$$
$$h_1 = H_1 + C_1 H_1 + C_2 S - \delta_j$$

式中　h——电极垂直方向的总高度,单位为 mm;

　　　h_1——电极垂直方向的有效工作尺寸,单位为 mm;

　　　H_1——型腔垂直方向的尺寸(型腔深度),单位为 mm;

　　　C_1——粗规准加工时,电极端面相对损耗率,其值小于 1%,C_1H_1 只适用于未预加工

的型腔；

C_2——中、精规准加工时电极端面相对损耗率，其值一般为20%～25%；

S——中、精规准加工时端面总的进给量，一般为0.4～0.5 mm；

δ_j——最后一挡精规准加工时端面的放电间隙，一般为0.02～0.03 mm，可忽略不计；

h_2——考虑加工结束时，为避免电极固定板和模块相碰，同一电极能多次使用等因素而增加的高度，一般取5～20 mm。

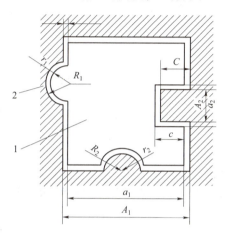

图 11-19　电极水平截面尺寸缩放示意图
1—电极；2—型腔

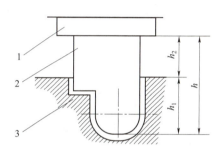

图 11-20　电极垂直方向尺寸
1—电极固定板；2—电极；3—工件

4）排气孔和冲油孔

由于型腔加工的排气、排屑条件比穿孔加工困难，为防止排气、排屑不畅，影响加工速度、加工稳定性和加工质量，设计电极时应在电极上设置适当的排气孔和冲油孔。一般情况下，冲油孔要设计在难于排屑的拐角、窄缝等处，如图 11-21 所示。排气孔要设计在蚀除面积较大的位置（如图 11-22 所示）和电极端部有凹入的位置。

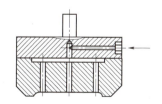

图 11-21　设计冲油孔的电极

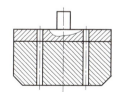

图 11-22　设计排气孔的电极

冲油孔和排气孔的直径应小于平动偏心量的 2 倍，一般为 1～2 mm。过大则会在电蚀表面形成凸起，不易清除。各孔间的距离约为 20～40 mm 左右，以不产生气体和电蚀产物的积存为原则。

（三）电规准的选择与转换

1）电规准的选择

正确选择和转换电规准，实现低损耗、高生产率加工，有利于保证型腔的加工精度。图

11-23 是用晶体管脉冲电源加工时,脉冲宽度与电极损耗的关系曲线。对一定的电流峰值,随着脉冲宽度减小,电极损耗增大,脉冲宽度越小,电极损耗上升趋势越明显,当 t_i > 500 μs 时电极损耗可以小于 1%。

电流峰值和生产率的关系如图 11-24 所示。增大电流峰值使生产率提高,提高的幅度与脉冲宽度有关。但是,电流峰值增加会加快电极的损耗,据有关实验资料表明,电极材料不同,电极损耗随电流峰值变化的规律也不同,而且和脉冲宽度有关。因此,在选择电规准时应综合考虑这些因素的影响。

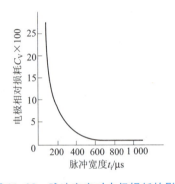

图 11-23 脉冲宽度对电极损耗的影响

电极—Cu;工件—CrWMn;负极性加工—I_e = 80 A

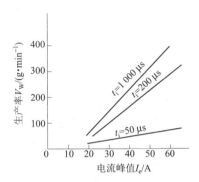

图 11-24 脉冲峰值电流对生产率的影响

电极—Cu;工件—CrWMn;负极性加工

(1) 要求粗规准以高的蚀除速度加工出型腔的基本轮廓,电极损耗要小。为此,一般选用宽脉冲(t_i>500 μs),大的峰值电流,用负极性进行粗加工。

(2) 中规准的作用是减小被加工表面的粗糙度(一般中规准加工时 Ra = 11.3~3.2 μm),为精加工做准备。要求在保持一定加工速度的条件下,电极损耗尽可能小。选用脉冲宽度 t_i = 20~400 μs、较粗加工小的电流密度进行加工。

(3) 精规准用来使型腔达到加工的最终要求,所去除的余量一般不超过 0.1~0.2 mm。因此,常采用窄的脉冲宽度(t<20 μs)和小的峰值电流进行加工。

2) 电规准的转换

电规准转换的挡数,应根据加工对象确定。加工尺寸小、形状简单的浅型腔,电规准转换挡数可少些;加工尺寸大、深度大、形状复杂的型腔,电规准转换挡数应多些。开始加工时,应选粗规准参数进行加工,当型腔轮廓接近加工深度(大约留 1 mm 的余量)时,减小电规准,依次转换成中、精规准各挡参数加工,直至达到所需的尺寸精度和表面粗糙度。

五、电极制造及工件、工具电极的装夹与校正

(一)电极制造

1) 电极的连接

采用混合法工艺时,电极与凸模连接后加工。连接方法可用环氧树脂胶合、锡焊、机械连接等方法。

2) 电极的制造方法

根据电极类型、尺寸大小、电极材料和电极结构的复杂程度等进行考虑。孔加工用电极的垂直尺寸一般无严格要求,而水平尺寸要求较高。

(1) 若适合于切削加工，可用切削加工方法粗加工和精加工。对于紫铜、黄铜一类材料制作的电极，其最后加工可用刨削或由钳工精修来完成。也可采用电火花线切割加工来制作电极。

(2) 直接用钢凸模作电极时，若凸、凹模配合间隙小于放电间隙，则凸模作为电极部分的断面轮廓必须均匀缩小，可采用氢氟酸（HF）6%（体积比，后同）、硝酸（HNO_3）14%、蒸馏水（H_2O）80%所组成的溶液浸蚀。此外还可采用其他种类的腐蚀液进行浸蚀；当凸、凹模配合间隙大于放电间隙，需要扩大用作电极部分的凸模断面轮廓时，可采用电镀法。单边扩大量在0.06 mm以下时表面镀铜；单边扩大量超过0.06 mm时表面镀锌。

(3) 型腔加工用电极，这类电极水平和垂直方向尺寸要求都较严格，比加工穿孔电极困难。对紫铜电极除采用切削加工法加工外，还可采用电铸法、精锻法等进行加工，最后由钳工精修达到要求。由于使用石墨坯料制作电极时，机械加工、抛光都很容易，所以以机械加工方法为主。当石墨坯料尺寸不够时可采用螺栓连接或用环氧树脂、聚氯乙烯醋酸液等粘结，制造成拼块电极。拼块要用同一牌号的石墨材料，要注意石墨在烧结制作时形成的纤维组织方向，避免不合理拼合（如图11-25所示）引起电极的不均匀损耗，降低加工质量。

图11-25　石墨纤维方向及拼块组合

(a) 合理；(b) 不合理

（二）工件的装夹和校正

电火花成形加工模具工件的校正、压装与工具电极的定位目的，就是使工件与工具电极之间可实现 x、y、z、c 等各坐标的相对移动。特别是数控电火花加工机床，其数控本身都是以 x、y 基准与 x、y 坐标平行为依据的。

工件工艺基准的校正是工件装夹的关键，一般情况下以水平工作台为依据。例如在电火花加工模具型腔时，规则的模板工件一般以分模面作为工艺基准，将此工件自然平置在工作台上，使工件的工艺基准平行于工作台面，即完成了水平校正。

当加工工件上、下两平面不平行或支承的面积太小而不能平置，则必须采用辅助支承措施，并根据不同精度要求采用千分表或百分表校正水平，如图11-26所示。

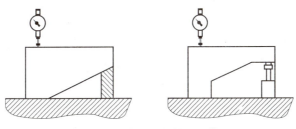

图11-26　用辅助支承校正工件平面

当加工单个规则的圆形型腔时，工件水平校正后即可压紧转入加工。但对于多孔或任意图形的型腔，除水平校正外，还必须校正与工作台 x、y 坐标平行的基准。例如，规则的矩形体工件，预先确定互相垂直的两个侧面作为工艺基准，依靠 x、y 两坐标的移动，用千分表或百分表校两个侧基准面。若工件非规则形状，应在工件上划出基准线，通过移动 x、y 坐标，用固定的"划针"进行工件的校正。若需要精密校正时，必须采取措施，专门加工一些定位表面或设计制造专用夹具。

在电火花加工中，工件和工具电极所受的力较小，因此，对工件压装的夹紧力要求比切屑加工低。为使压装工件时不改变定位时所得到的正确位置，在保证工件位置不变的情况下，夹紧力应尽可能小。

（三）工具电极的装夹和校正

在电火花加工中，机床主轴进给方向都应该垂直于工作台。因此，工具电极的工艺基准必须平行于机床主轴头的垂直坐标，即工具电极的装夹与校正必须保证工具电极进给加工方向垂直于工作台平面。

（1）工具电极的装夹。由于在实际加工中碰到的电极形状各不相同，加工要求也不一样，因此，安装电极时电极的装夹方法和电极夹具也不相同。下面介绍几种常用的电极夹具：

① 图 11-27（a）所示为电极套筒，适用于一般圆电极的装夹。

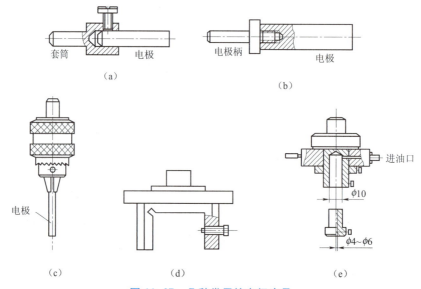

图 11-27 几种常用的电极夹具

(a) 电极套筒；(b) 电极柄；(c) 钻夹头；(d) U 形夹头；(e) 管状电极夹头

② 图 11-27（b）所示为电极柄结构，适用于直径较大的圆电极、方电极、长方形电极以及几何形状复杂而在电极一端可以钻孔、套丝固定的电极。

③ 图 11-27（c）所示为钻夹头结构，适用于直径范围在 1～13 mm 之间的圆柄电极。

④ 图 11-27（d）所示为 U 形夹头，适用于方电极和片状电极。

⑤ 图 11-27（e）所示为可内冲油的管状电极夹头。

除上面介绍的常用夹具外，还可根据要求设计专用夹具。

（2）工具电极的校正。工具电极的校正方式有自然校正和人工校正两种。所谓自然校正就是利用电极在电极柄和机床主轴上的正确定位来保证电极与机床的正确关系；而人工校正一般以工作台面 x、y 水平方向为基准，用百分表、千分表、块规或角尺（见图 11-28）在电极横、纵（即 x、y 方向）两个方向作垂直校正和水平校正，保证电极轴线与主轴进给轴线一致，保证电极工艺基准与工作台面 x、y 基准平行。

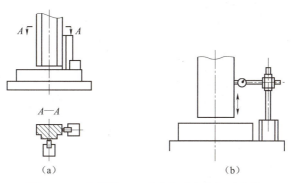

图 11-28　用直角尺、百分表测定电极垂直度

(a) 用直角尺测定电极垂直度；(b) 用百分表测定电极垂直度

实现人工校正时要求工具电极的吊装装置上装有具有一定调节量的万向装置（或机床主轴具备万向调节功能），如图 11-29 所示。校正操作时，将千分表或百分表顶压在工具电极的工艺基准面上，通过移动坐标（垂直基准校正移动 z 坐标，水平基准校正时移动 x 和 y 坐标），观察表上读数的变化估测误差值，不断调整万向装置的方向来补偿误差，直到校准为止。

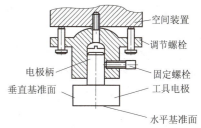

图 11-29　人工校正工具电极的吊装装置

如果电极外形不规则、无直壁等情况下就需要辅助基准。一般常用的校正方法如下：

① 按电极固定板基准校正。在制造电极时，电极轴线必须与电极固定板基准面垂直，校正时用百分表保证固定板基准面与工作台平行，保证电极与工件对正，如图 11-30 所示。

② 按电极放电痕迹校正。电极端面为平面时，除上述方法外，还可用弱规准在工件平面上放电打印记校正电极，调节到四周均匀地出现放电痕迹（俗称放电打印法）达到校正的目的。

③ 按电极端面进行校正。主要指工具电极侧面不规则，而电极的端面又在同一平面时，可用"块规"或"等高块"，通过"撞刀保护"挡，测量端使四个等高点尺寸一致，即可认定电极端与工作台平行（见图 11-31）。

（四）工件与工具电极的对正

工件与工具电极的工艺基准校正以后，必须将工件和工具电极的相对位置对正，才能在工件上加工出位置准确的型腔。常用的对正方法主要有以下几种：

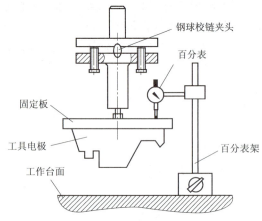

图 11-30　按电极固定板基准面校正

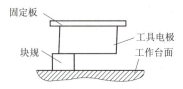

图 11-31　按电极端面进行校正

(1) **移动坐标法**。如图 11-32 所示，先将工具电极移出工件，通过移动工具电极的 x 坐标与工件的垂直基准接近；同时密切监视电压表上的指示，当电压表上的指示值急剧变低的瞬间（此时工具电极的垂直基准正好与工件的垂直基准接触）停止移动坐标；然后移动坐标 ($x_0' + x_0$)，工件和工具电极 x 方向对正。在 y 轴上重复以上操作，工件和工具电极 y 方向对正。

在数控电火花机床上，可用其"端面定位"功能代替电压表。当工具电极的垂直基准正好与工件的垂直基准接触时，机床自动记录下坐标值并反转停止。然后同样按上述方法使工件和电极对正。如果模具工件是规则的方形或圆形，还可用数控电火花机床上的"自动定位"功能进行自动定位。

(2) **划线打印法**。如图 11-33 所示，在工件表面划出型孔轮廓线。将已安装正确的电极垂直下降，与工作表面接触，用眼睛观察并移动工件，使电极对准工件后将工件紧固。或用粗规准初步电蚀打印后观察定位情况，调整位置。当底部或侧面为非平面时，可用角尺作基准。这种方法主要适用于型孔位置精度要求不太高的单型孔工件。

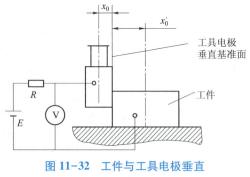

图 11-32　工件与工具电极垂直
基准接触定位对正

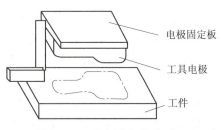

图 11-33　用划线打印法对正
工件与工具电极位置

(3) **复位法**。这种情况多为工具电极的重修复位（例如多电极加工同一型腔）。校正时，工具电极应尽可能与原型腔相符合。校正原理是利用电火花机床自动保持工具电极与工件之间的放电间隙功能,通过火花放电时的进给深度来判断工具电极与原型腔的符合程度。只要工具电极与原型腔未完全符合,总是可以通过移动某一坐标的某一方向,继续加大进给深度。如图11-34所示,只要向左移动电极,即会加大进给深度。将通过反复调整,直至两者工艺基准完全对准为止。

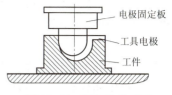

图11-34 用复位法对正工件与工具电极位置

11.2.2 数控电火花线切割加工

数控电火花线切割加工是在电火花成形加工基础上发展起来的,因其由数控装置控制机床的运动,采用线状电极通过火花放电对工件进行切割,故称为数控电火花线切割加工。

一、数控电火花线切割加工原理、特点及应用

(一) 加工原理

数控电火花线切割加工的基本原理与电火花成形加工相同,但加工方式不同,它是用细金属丝作电极。线切割加工时,线电极一方面相对工件不断地往上(下)移动(慢速走丝是单向移动,快速走丝是往返移动),另一方面,装夹工件的十字工作台由数控伺服电动机驱动,在 x、y 轴方向实现切割进给,使线电极沿加工图形的轨迹,对工件进行切割加工。图 11-35 是数控电火花线切割大批量加工的原理示意图。

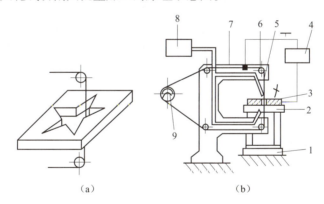

图 11-35 数控电火花线切割加工原理

1—工作台;2—夹具;3—工件;4—脉冲电源;5—电极丝;6—导轮;7—丝架;8—工作液箱;9—贮丝筒

(二) 加工的特点

(1) 它是以金属线为工具电极,大大降低了成形工具电极的设计和制造费用,缩短了生产准备时间,加工周期短。

(2) 能方便地加工出细小或异形孔、窄缝和复杂形状的零件。

(3) 无论被加工工件的硬度如何,只要是导电体或半导电体的材料都能进行加工。由于加工中工具电极和工件不直接接触,没有像机械加工那样的切削力,因此,也适宜于加工低刚度工件及细小零件。

(4) 由于电极丝比较细,切缝很窄,能对工件材料进行"套料"加工,故材料的利用率很高,能有效地节约贵重材料。

(5) 由于采用移动的长电极丝进行加工，使单位长度电极丝的损耗较小，从而对加工精度的影响比较小，特别在低速走丝线切割加工时，电极丝一次使用，电极损耗对加工精度的影响更小。

(6) 依靠数控系统的线径偏移补偿功能，使冲模加工的凹凸模间隙可以任意调节。

(7) 采用四轴联动控制时，可加工上、下面异形体、形状扭曲的曲面体、变锥度体和球形体等零件。

（三）数控电火花线切割加工的应用

线切割广泛用于加工硬质合金、淬火钢模具零件、样板、各种形状复杂的细小零件及窄缝等。如形状复杂、带有尖角窄缝的小型凹模的型孔可采用整体结构在淬火后加工，既能保证模具精度，又能简化模具设计和制造。此外，电火花线切割还可加工除盲孔以外的其他难加工的金属零件。

二、影响数控线切割加工工艺指标的主要因素

（一）主要工艺指标

(1) 切割速度 v_{wi}。在保持一定表面粗糙度的切割加工过程中，单位时间内电极丝中心线在工件上切过的面积总和称为切割速度，单位为 mm^2/min。切割速度是反映加工效率的一项重要指标，数值上等于电极丝中心线沿图形加工轨迹的进给速度乘工件厚度。通常慢走丝线切割速度为 $40\sim80\ mm^2/min$，快走丝线切割速度可达 $350\ mm^2/min$。

(2) 切割精度。线切割加工后，工件的尺寸精度、形状精度（如直线度、平面度、圆度等）和位置精度（如平行度、垂直度、倾斜度等）称为切割精度。快走丝线切割精度可达 $0.01\ mm$，一般为 $\pm0.015\sim0.02\ mm$；慢走丝线切割精度可达 $\pm0.001\ mm$ 左右。

(3) 表面粗糙度。线切割加工中的工件表面粗糙度通常用轮廓算术平均值偏差 Ra 值表示。快走丝线切割加工的 Ra 值一般为 $1.25\sim2.5\ \mu m$，最低可达 $0.63\sim1.25\ \mu m$；慢走丝线切割的 Ra 值可达 $0.3\ \mu m$。

（二）影响工艺指标的主要因素

1) 脉冲电源主要参数的影响

(1) 峰值电流 I_e 是决定单脉冲能量的主要因素之一。I_e 增大时，线切割加工速度提高，但表面粗糙度变差，电极丝损耗比加大甚至断丝。

(2) 脉冲宽度 t_i 主要影响加工速度和表面粗糙度。加大 t_i 可提高加工速度但表面粗糙度变差。

(3) 脉冲间隔 t_0 直接影响平均电流。t_0 减小时平均电流增大，切割速度加快，但 t_0 过小，会引起电弧和断丝。

(4) 空载电压 u_i 的影响。该值会引起放电峰值电流和电加工间隙的改变。u_i 提高，加工间隙增大，切缝宽，排屑容易，提高了切割速度和加工稳定性，但易造成电极丝振动，使加工面形状精度和粗糙度变差。通常 u_i 的提高还会使线电极损耗量加大。

(5) 放电波形的影响。在相同的工艺条件下，高频分组脉冲常常能获得较好的加工效果。电流波形的前沿上升比较缓慢时，电极丝损耗较少。不过当脉宽很窄时，必须要有陡的前沿才能进行有效的加工。

2）电极丝及其走丝速度的影响

（1）电极丝直径的影响。线切割加工中使用的线电极直径一般为 $\phi 0.03 \sim 0.35$ mm，电极丝材料不同，其直径范围也不同。一般纯铜丝为 $\phi 0.15 \sim 0.30$ mm；黄铜丝为 $\phi 0.1 \sim 0.35$ mm；钼丝为 $\phi 0.06 \sim 0.25$ mm；钨丝为 $\phi 0.03 \sim 0.25$ mm。切割速度与电极丝直径成正比，电极丝直径越粗，切割速度越快，而且还有利于厚工件的加工。但是电极丝直径的增加，要受到加工工艺要求的约束，另外增大加工电流，加工表面的粗糙度会变差，所以电极丝直径的大小，要根据工件厚度、材料和加工工艺要求进行确定。

（2）电极丝走丝速度的影响。在一定范围内，随着走丝速度的提高，线切割速度也可以提高，提高走丝速度有利于电极丝把工作液带入较大厚度的工件放电间隙中，有利于电蚀产物的排除和放电加工的稳定。走丝速度也影响电极在加工区的逗留时间和放电次数，从而影响电极丝的损耗。但走丝速度过高，将使电极丝的振动加大、精度降低、切割速度减小并使表面粗糙度变差，且易造成断丝，所以，高速走丝线切割加工时的走丝速度一般以小于 10 m/s 为宜。

在慢速走丝线切割加工中，电极丝材料和直径有较大的选择范围。高生产率时可用直径 $\phi 0.3$ mm 以下的镀锌黄铜丝，允许较大的峰值电流和汽化爆炸力。精微加工时可用直径 $\phi 0.03$ mm 以上的钼丝。由于电极丝张力均匀，振动较少，所以加工稳定性、表面粗糙度、精度指标等均较好。

3）工件厚度及材料的影响

工件材料薄，工作液容易进入并充满放电间隙，对排屑和消电离有利，加工稳定性好。但工件太薄，金属丝易产生抖动，对加工精度和表面粗糙度不利。工件厚，工作液难于进入和充满放电间隙，加工稳定性差，但电极丝不易抖动，因此精度和表面粗糙度较好。切割速度 v_{wi} 随厚度的增加而增加，但达到某一最大值（一般为 $50 \sim 100$ mm^2/min）后开始下降，这是因为厚度过大时，排屑条件变差。工件材料不同，其熔点、汽化点、热导率等都不一样，因而加工效果也不同。例如采用乳化液加工时：

（1）加工铜、铝、淬火钢时，加工过程稳定，切割速度高；

（2）加工不锈钢、磁钢、未淬火高碳钢时，稳定性较差，切割速度较低，表面质量不太好；

（3）加工硬质合金时，比较稳定，切割速度较低，表面粗糙度好。

此外，机械部分精度（例如导轨、轴承、导轮等磨损、传动误差）和工作液（种类、浓度及其脏污程度）都会影响加工效果。当导轮或轴承偏摆，工作液上下冲水不均匀时，会使加工表面产生上下凹凸相间的条纹，工艺指标将变差。

4）诸因素对工艺指标的相互影响关系

前面分析了各主要因素对线切割加工工艺指标的影响。实际上，各因素对工艺指标的影响往往是相互依赖又相互制约的。

切割速度与脉冲电源的电参数有直接的关系，它将随单个脉冲能量的增加和脉冲频率的提高而提高，但有时也受到加工条件或其他因素的制约。因此，为了提高切割速度，除了合理选择脉冲电源的电参数外，还要注意其他因素的影响。如工作液种类、浓度和脏污程度的影响，线电极材料、直径、走丝速度和抖动的影响，工件材料和厚度的影响，切割加工进给速度、稳定性和机械传动精度的影响等。合理的选择搭配各因素指标，可使两极间维持最佳的放电条件，以提高切割速度。

表面粗糙度也主要取决于单个脉冲放电能量的大小，但线电极的走丝速度和抖动状况等因素对表面粗糙度的影响也很大，而线电极的工作状况则与所选择的线电极材料、直径和张紧力大小有关。

加工精度主要受机械传动精度的影响，但线电极的直径、放电间隙大小、工作液喷流量大小和喷流角度等也影响加工精度。

因此，在线切割加工时，要综合考虑各因素对工艺指标的影响，善于取其利，去其弊，以充分发挥设备性能，达到最佳的切割加工效果。

三、数控线切割加工工艺的制订

数控线切割加工，一般是作为工件的最后一道工序，使工件达到图样规定的精度和表面粗糙度。数控线切割加工工艺制订的内容主要有以下几个方面：零件图的工艺分析、工艺准备以及加工参数的选择。

（一）零件图的工艺分析

主要分析零件的凹角和尖角是否符合线切割加工的工艺条件，零件的加工精度和表面粗糙度是否在线切割加工所能达到的经济精度范围内。

1) 凹角和尖角的尺寸分析

因电极丝具有一定的直径 d，加工时又有放电间隙 δ，使电极丝中心的运动轨迹与加工面相距 l，即 $l = d/2 + \delta$，如图 11-36 所示。因此，加工凸模类零件时，电极丝中心轨迹应放大；加工凹模类零件时，中心轨迹应缩小，如图 11-37 所示。

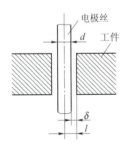

图 11-36　电极丝与工件加工面的位置关系

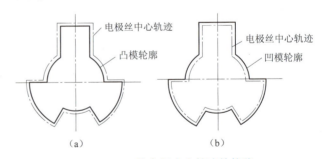

图 11-37　线电极中心轨迹的偏移
(a) 加工凸模类零件；(b) 加工凹模类零件

线切割加工时，在工件的凹角处不能得到"清角"，而是圆角。对于形状复杂的精密冲模，在凸、凹模设计图样上应说明拐角处的过渡圆弧半径 R。同一副模具的凹、凸模中，尺寸值要符合下列条件，才能保证加工的实现和模具的正确配合。

对凹角：　　　　　　　　　$R_1 \geq l = d/2 + \delta$

对尖角：　　　　　　　　　$R_2 = R_1 - z/2$

式中　R_1——凹角圆弧半径；

R_2——尖角圆弧半径；

z——凹、凸模的配合间隙。

2）表面粗糙度及加工精度分析

电火花线切割加工的表面和机械加工的表面不同，它是由无方向性的无数小坑和硬凸边所组成，特别有利于保存润滑油；而机械加工表面则存在切削或磨削刀痕，具有方向性。两者相比，在相同的表面粗糙度和有润滑油的情况下，其表面润滑性能和耐磨损性能均比机械加工表面好。所以，在确定加工面表面粗糙度 Ra 值时要考虑到此项因素。

合理确定线切割加工表面粗糙度 Ra 值是很重要的。因为 Ra 值的大小对线切割速度 v_{wi} 影响很大，Ra 值降低一个档次将使线切割速度 v_{wi} 大幅度下降。所以，要检查零件图样上是否有过高的表面粗糙度要求。此外，线切割加工所能达到的表面粗糙度 Ra 值是有限的，譬如欲达到优于 $Ra\ 0.32\ \text{mm}$ 的要求还较困难，因此，若不是特殊需要，零件上标注的 Ra 值尽可能不要太小，否则，对生产率的影响很大。

同样，也要分析零件图上的加工精度是否在数控线切割机床加工精度所能达到的范围内，根据加工精度要求的高低来合理确定线切割加工的有关工艺参数。

（二）工艺准备

工艺准备主要包括线电极准备、工件准备和工作液配制。

1）线电极准备

(1) 线电极材料的选择。目前线电极材料的种类很多，主要有纯铜丝、黄铜丝、专用黄铜丝、钼丝、钨丝、各种合金丝及镀层金属丝等。表 11-4 是常用线电极材料的特点，可供选择时参考。

表 11-4 各种线电极的特点

材　料	线径/mm	特　　点
纯铜	0.1~0.25	适合于切割速度要求不高或特加工时用。丝不易卷曲，抗拉强度低，容易断丝
黄铜	0.1~0.30	适合于高速加工，加工面的蚀屑附着少。表面粗糙度和加工面的平直度也较好
专用黄铜	0.05~0.35	适合于高速、高精度和理想的表面粗糙度加工以及自动穿丝，但价格高
钼	0.06~0.25	由于它的抗拉强度高，一般用于快速走丝，在进行微细、窄缝加工时，也可用于慢速走丝
钨	0.03~0.10	由于抗拉强度高，可用于各种窄缝的微细加工，但价格昂贵

一般情况下，快速走丝机床常用钼丝作线电极，钨丝或其他昂贵金属丝因成本高而很少用，其他线材因抗拉强度低，在快速走丝机床上不能使用。慢速走丝机床上则可用各种铜丝、铁丝、专用合金丝以及镀层（如镀锌等）的电极丝。

(2) 线电极直径的选择。线电极直径 d 应根据工件加工的切缝宽窄、工件厚度及过渡圆弧半径大小等来选择。由图 11-38 可知，线电极直径 d 与过渡圆弧半径的关系为 $d \leqslant 2(R-\delta)$。所以，在拐角（过渡圆弧）要求小的微细线切割加工中，需要选

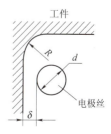

图 11-38　线电极直径与拐角的关系

用线径细的电极丝。表 11-5 列出线电极直径与拐角和工件厚度的极限的关系。

表 11-5　线径与拐角和工件厚度的极限　　　　　　　　　单位/mm

线电极直径 d	拐角极限 R_{min}	切割工件厚度
钨 0.05	0.04～0.07	0～10
钨 0.07	0.05～0.10	0～20
钨 0.10	0.07～0.12	0～30
黄铜 0.15	0.10～0.16	0～50
黄铜 0.20	0.12～0.20	0～100 以上
黄铜 0.25	0.15～0.22	0～100 以上

2) 工件准备

(1) 工件材料的选定和处理。工件材料的选择是由图样设计时确定的。模具在加工前毛坯需经锻打和热处理。另外，加工前还要进行消磁处理及去除表面氧化皮和锈斑等。例如，以线切割加工为主要工艺时，钢件的加工工艺路线一般为：下料→锻造→退火→机械粗加工→淬火与高温回火→磨加工（退磁）→线切割加工→钳工修整。

(2) 工件加工基准的选择。为了便于线切割加工，根据工件外形和加工要求，应准备相应的校正和加工基准，并且此基准应尽量与图样的设计基准一致，常见的有以下两种形式：

① 以外形为校正和加工基准。外形是矩形状的工件，一般需要有两个相互垂直的基准面，并垂直于工件的上、下平面（如图 11-39 所示）。

② 以外形为校正基准，内孔为加工基准。无论是矩形、圆形还是其他异形的工件，都应准备一个与工件的上、下平面保持垂直的校正基准，此时，其中一个内孔可作为加工基准，如图 11-40 所示。在大多数情况下，外形基面在线切割加工前的机械加工中就已准备好了。工件淬硬后，若基面变形很小，可稍加打光便可用线切割加工；若变形较大，则应当重新修磨基面。

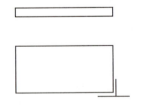

图 11-39　矩形工件的校正与加工基准

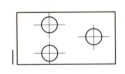

图 11-40　外形一侧为校正基准，内孔为加工基准

(3) 穿丝孔的确定。

① 切割凸模类零件。此时为避免将坯件外形切断引起变形，通常在坯件内部外形附近预制穿丝孔（见图 11-41 (c)）。

② 切割凹模、孔类零件。此时可将穿丝孔位置选在待切割型腔（孔）内部。当穿丝孔位置选在待切割型腔（孔）的边角处时，切割过程中无用的轨迹最短；而穿丝孔位置选在已知坐标尺寸的交点处则有利于尺寸推算；切割孔类零件时，若将穿丝孔位置选在型孔中心

可使编程操作容易。

③ 穿丝孔大小。穿丝孔大小要适宜。穿丝孔径太小，不但钻孔难度增加，而且也不便于穿丝；若穿丝孔径太大，则会增加钳工工艺上的难度。一般穿丝孔常用直径为 $\phi 3 \sim 10$ mm。如果预制孔可用车削等方法加工，则穿丝孔径也可大些。

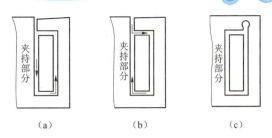

图 11-41　切割起始点和切割路线的安排

(4) 切割路线的确定。线切割加工工艺中，切割起始点和切割路线的确定合理与否，将影响工件变形的大小，从而影响加工精度。图 11-41 所示的由外向内顺序的切割路线，通常在加工凸模零件时采用。其中，图 11-41 (a) 所示的切割路线是错误的，因为当切割完第一条边，继续加工时，由于原来主要连接的部位被割离，余下材料与夹持部分的连接较少，工件的刚度降低，容易产生变形而影响加工精度。如按图 11-41 (b) 所示的切割路线加工，可减少由于材料割离后残余应力重新分布而引起的变形。所以，一般情况下，最好将工件与其夹持部分分割的线段安排在切割路线的末端。对于精度要求较高的零件，最好打穿丝孔，如图 11-41 (c) 所示。

切割孔类零件时，为了减少变形，还可采用二次切割法，如图 11-42 所示。第一次粗加工型孔，各边留余量 0.1~0.5 mm，第二次切割为精加工。这样可以达到比较满意的效果。

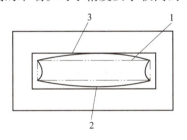

图 11-42　二次切割孔类零件

1—第一次切割的理论图形；2—第一次切割的实际图形；3—第二次切割的图形

(5) 接合突尖的去除方法。由于线电极的直径和放电间隙的关系，在工件切割面的交接处，会出现一个高出加工表面的高线条，称之为突尖，如图 11-43 所示。这个突尖的大小决定于线径和放电间隙。在快速走丝的加工中，用细的线电极加工，突尖一般很小；在慢走丝加工中就比较大，必须将它去除。下面介绍几种去除突尖的方法：

① 利用拐角的方法。凸模在拐角位置的突尖比较小，选用图 11-44 所示的切割路线，可减少精加工量。切下前要将凸模固定在外框上，并用导电金属将其与外框连通，否则，在加工中不会放电。

图 11-43　突尖

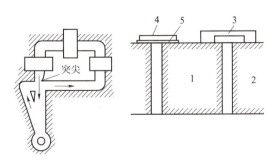

图 11-44　利用拐角去除突尖

1—凸模；2—外框；3—短路用金属；4—固定夹具；5—黏接剂

② 切缝中插金属板的方法。将切割要掉下来的部分，用固定板固定起来，在切缝中插入金属板，金属板长度与工件厚度大致相同，金属板应尽量向切落侧靠近，如图 11-45 所示。切割时应往金属板方向多切入大约一个线电极直径的距离。

③ 用多次切割的方法。工件切断后，对突尖进行多次切割精加工。如图 11-46 所示，切割次数的多少，主要看加工对象精度要求的高低和突尖的大小。

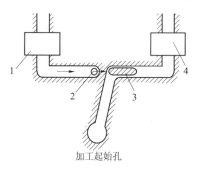

图 11-45 插入金属板去除突尖　　　　图 11-46 二次切割去除突尖的路线

1—固定夹具；2—电极丝；3—属板；4—用金属

3）工作液的准备

根据线切割机床的类型和加工对象，选择工作液的种类、浓度及导电率等。对快速走丝线切割加工，一般常用质量分数为 10% 左右的乳化液，此时可达到较高的线切割速度。对于慢速走丝线切割加工，普遍使用去离子水。

（三）加工参数的选择

1）电参数的选择

（1）空载电压。空载电压的高低，一般可按表 11-6 所列情况来进行选择。

表 11-6　空载电压的选择

空载电压	
低	高
切割速度高	改善表面粗糙度
线径细（0.1 mm）	减小拐角塌角
硬质合金加工	纯铜线电极
切缝窄	
减少加工面的腰鼓形	

（2）放电电容。在使用纯铜线电极时，为了得到理想的表面粗糙度，减小拐角的塌角，放电电容要小；在使用黄铜丝电极时，进行高速切割，希望减小腰鼓量，要选用大的放电电容。

（3）脉宽和间隔。可根据电容量的大小来选择脉冲宽度和间隔，如表 11-7 所示。要求理想的表面粗糙度时,脉冲宽度要小,间隔要大。

表 11-7 脉宽和间隔的选择

电容器容量/μF	脉宽/μs	间隔/μs
0～0.5	2～4	>2.0
0.5～1.0	2～6	>3.0
1.0～3.0	2～6	>5.0

(4)峰值电流。峰值电流 I_e 主要根据表面粗糙度和电极丝直径选择。要求 Ra 值小于 1.25 μm 时, I_e 取 6.8 A 以下;要求 Ra 值为 1.25～2.5 μm 时, I_e 取 6～12 A; Ra 值大于 2.5 μm 时, I_e 可取更高的值。电极丝直径越粗, I_e 的取值可越大。表 11-8 所示是不同直径钼丝可承受的最大值峰值电流。

表 11-8 峰值电流与钼丝直径的关系

钼丝直径/mm	0.06	0.08	0.10	0.12	0.15	0.18
可承受的 I_e/A	15	20	25	30	37	45

2)速度参数的选择

(1)进给速度。工作台进给速度太快,容易产生短路和断丝;工作台进给速度太慢,加工表面的腰鼓量就会增大,但表面粗糙度较小。正式加工时,一般将试切的进给速度下降 10%～20%,以防止短路和断丝。

(2)走丝速度。走丝速度应尽量快一些,对快走丝线切割来说,会有利于减少因线电极损耗对加工精度的影响,尤其是对厚工件的加工,由于线电极的损耗,会使加工面产生锥度。一般走丝速度是根据工件厚度和切割速度来确定的。

3)线径偏移量的确定

正式加工前,按照确定的加工条件,切一个与工件相同材料、相同厚度的正方形,测量尺寸,确定线径偏移量。在积累了足够的工艺数据或生产厂家提供了有关工艺参数时,可参照相关数据确定。

进行多次切割时,要考虑工件的尺寸公差,估计尺寸变化,分配每次切割时的偏移量。偏移量的方向,按切割凸模或凹模以及切割路线的不同而定。

四、工件的装夹和位置校正

(一)对工件装夹的基本要求

(1)工件的装夹基准面应清洁无毛刺,经过热处理的工件,在穿丝孔或凹模类工件扩孔的台阶处,要清理热处理液的渣物及氧化膜表面。

(2)夹具精度要高,工件至少用两个侧面固定在夹具或工作台上,如图 11-47 所示。

(3)装夹工件的位置要有利于工件的找正,并能满足加工行程的需要,工作台移动时,不得与丝架相碰。

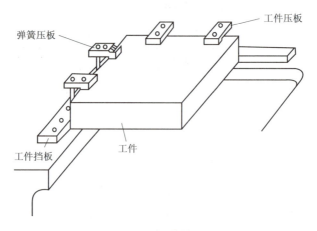

图 11-47 工件的固定

(4) 装夹工件的作用力要均匀，不得使工件变形或翘起。

(5) 批量零件加工时，最好采用专用夹具，以提高效率。

(6) 细小、精密、壁薄的工件应固定在辅助工作台或不易变形的辅助夹具上，如图 11-48 所示。

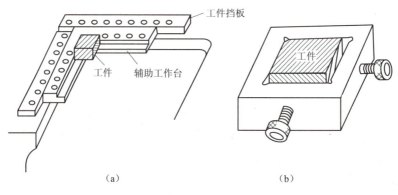

图 11-48 辅助工作台和辅助夹具

(a) 辅助工作台；(b) 辅助夹具

（二）工件的装夹

(1) 悬臂支承方式。图 11-49 所示的悬臂支承方式装夹方便、通用性强，但工件平面与工作台面找平困难，工件受力时位置易变化。因此，只在工件加工要求低或悬臂部分小的情况下使用。

(2) 两端支承方式。两端支承方式是将工件两端固定在夹具上，如图 11-50 所示。用这种方式装夹方便、稳定，定位精度高，但不适于装夹较小的工件。

(3) 桥式支承方式。是在两端支承的夹具上垫两块支承垫铁（见图 11-51）。桥式支承方式方便，对大、中、小型工件都适用。

(4) 板式支承方式。板式支承方式是根据常规工件的形状，制成具有矩形或圆形孔的支承板夹具（见图11-52）。此种方式装夹精度高，适用于常规与批量生产。同时，也可增加纵、横方向的定位基准。

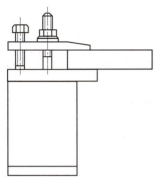

图11-49　悬臂支承方式

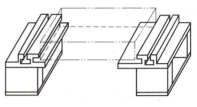

图11-50　两端支承方式

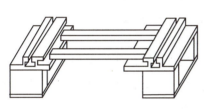

图11-51　桥式支承方式

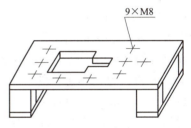

图11-52　板式支承方式图

（5）复式支承方式。在通用夹具上装夹专用夹具，便成为复式支承方式（见图11-53）。此方式对于批量加工尤为方便，可缩短装夹和校正时间，提高效率。

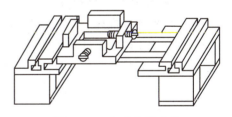

图11-53　复式支承方式

（三）工件位置的校正方法

（1）拉表法。拉表法是利用磁力表架，将百分表固定在丝架或其他固定位置上，百分表头与工件基面接触，往复移动床鞍，按百分表指示数值调整工件。校正应在三个方向上进行（见图11-54）。

（2）划线法。工件待切割图形与定位基准相互位置要求不高时，可采用划线法（见图11-55）。固定在丝架上的一个带有顶丝的零件将划针固定，划针尖指向工件图形的基准线或基准面，移动纵（或横）向床鞍，根据目测调整工件进行找正。该法也可以在粗糙度较差的基面校正时使用。

（3）固定基面靠定法。利用通用或专用夹具纵、横方向的基准面，经过一次校正后，保证基准面与相应坐标方向一致。于是具有相同加工基准面的工件可以直接靠定，就保证了工件的正确加工位置（见图11-56）。

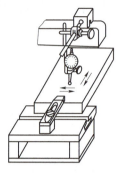
图 11-54 拉表法校正

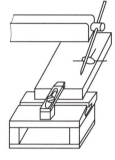
图 11-55 划线法校正

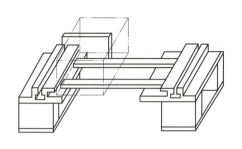
图 11-56 固定基面靠定法校正

（四）线电极的位置校正

在线切割前，应确定线电极相对于工件基准面或基准孔的坐标位置。

（1）目视法。对加工要求较低的工件，在确定线电极与工件有关基准线或基准面相互位置时，可直接利用目视或借助于 2～8 倍的放大镜来进行观察。图 11-57 所示为观测基准面来确定线电极位置。当线电极与工件基准面初始接触时，记下相应床鞍的坐标值。线电极中心与基准面重合的坐标值，则是记录值减去线电极的半径值。

图 11-58 所示为观测基准线来确定线电极位置。利用穿丝孔处划出的十字基准线，观测线电极与十字基准线的相对位置，移动床鞍，使线电极中心分别与纵、横方向基准线重合，此时的坐标值就是线电极的中心位置。

（2）火花法。火花法是利用线电极与工件在一定间隙时发生火花放电来确定线电极的坐标位置（见图 11-59）。移动拖板，使线电极逼近工件的基准面，待开始出现火花时，记下拖板的相应坐标值来推算线电极中心坐标值。此法简便、易行，但线电极运转抖动会导致误差，放电也会使工件的基准面受到损伤。此外，线电极逐渐逼近基准面时，开始产生脉冲放电的距离，往往并非正常加工条件下线电极与工件间的放电距离。

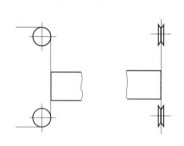
图 11-57 观测基准面校正线电极位置

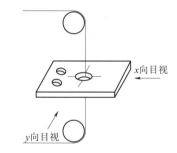
图 11-58 观测基准线校正线电极位置

（3）自动法。自动找中心是为了让线电极在工件的孔中心定位。具体方法为：移动横向床鞍，使电极丝与孔壁相接触，记下坐标值 x_1，反向移动床鞍至另一导通点，记下相应坐标值 x_2，将拖板移至两者绝对值之和的一半处，即 $(|x_1|+|x_2|)/2$ 的坐标位置。同理也可得到 y_1 和 y_2，则基准孔中心与线电极中心相重合的坐标值为 [$(|x_1|+|x_2|)/2$, $(|y_1|+|y_2|)/2$]，如图 11-60 所示。

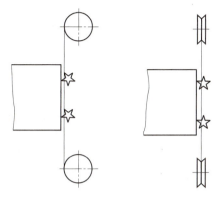

图 11-59　火花法校正线电极位置

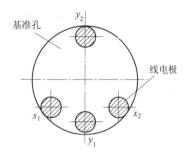

图 11-60　自动法校正线电极位置

11.2.3　超声加工

超声加工（Ultrasonic Machining，简称 USM）是随着机械制造和仪器制造中各种脆性材料和难加工材料的不断出现而得到应用和发展的。它较好地弥补了在加工脆性材料方面的某些不足，并显示出其独特的优越性。

一、超声加工的原理和特点

（一）超声加工的原理

超声加工也叫超声波加工，是利用产生超声振动的工具，带动工件和工具间的磨料悬浮液，冲击和抛磨工件的被加工部位，使局部材料破坏成粉末，以进行穿孔、切割和研磨等，如图 11-61 所示。加工时工具以一定的静压力压在工件上，在工具和工件之间送入磨料悬浮液（磨料和水或煤油的混合物），超声换能器产生 16 kHz 以上的超声频轴向振动，借助于变幅杆把振幅放大到 0.02～0.08 mm，迫使工作液中悬浮的磨粒以很大的速度不断地撞击、抛磨被加工面，把加工区域的材料粉碎成很细的微粒，从工件上去除下来。工作液受工具端面超声频振动作用而产生的高频、交变的液压冲击，使磨料悬浮液在加工间隙中强迫循环，将钝化了的磨料及时更新，并带走从工件上去除下来的微粒。随着工具的轴向进给，工具端部形状被复制在工件上。

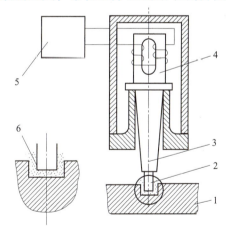

图 11-61　超声加工原理示意图

1—工件；2—工具；3—变幅杆；4—换能器；
5—超声发生器；6—磨料悬浮液

由于超声波加工是基于高速撞击原理，因此，越是硬脆材料，受冲击破坏作用越大，而韧性材料则由于它的缓冲作用而难以加工。

（二）超声加工特点

（1）适于加工硬脆材料（特别是不导电的硬脆材料），如玻璃、石英、陶瓷、宝石、金刚石、各种半导体材料、淬火钢及硬质合金等。

（2）由于是靠磨料悬浮液的冲击和抛磨去除加工余量，所以，可采用较工件软的材料作工具。加工时不需要工具和工件做比较复杂的相对运动。因此，超声加工机床的结构比较简单，操作维修也比较方便。

（3）由于去除加工余量是靠磨料的瞬时撞击，工具对表面的宏观作用力小，热影响小，不会引起变形及烧伤，因此，适合于加工薄壁零件及工件的窄槽、小孔。超声加工的精度，一般可达 0.01～0.02 mm，表面粗糙度可达 Ra 0.63 μm 左右，在模具加工中用于加工某些冲模、拉丝模以及抛光模具工作零件的成形表面。

超声加工方法常用于模具型孔和型腔的加工，另外也用于其他零件的加工、脆硬材料的切割和超声清洗等。

二、影响加工速度和质量的因素

（一）加工速度及其影响因素

超声加工的加工速度（或生产率）是指单位时间内被加工材料的去除量，其单位用 mm^3/min 或 g/min 表示。相对其他特种加工而言，超声加工生产率较低，一般为 1～50 mm^3/min。加工玻璃的最大速度可达 400～2 000 mm^3/min。影响加工速度的主要因素有：

（1）工具的振幅和频率。提高振幅和频率，可以提高加工速度。但过大的振幅和过高的频率会使工具和变幅杆产生大的内应力，通常振幅范围在 0.01～0.1 mm，频率在 16～25 kHz 之间。

（2）进给压力。加工时工具对工件所施加的压力的大小，对生产率影响很大，压力过小则磨料在冲击过程中损耗于路程上的能量过多，致使加工速度降低；而压力过大，则使工具难以振动，并会使加工间隙减小，磨料和工作液不能顺利循环更新，也会使加工速度降低。因此存在一个最佳的压力值，该值一般由实验决定。

（3）磨料悬浮液。磨料的种类、硬度、粒度、磨料和液体的比例及悬浮液本身的黏度等对超声加工都有影响。磨料硬、磨粒粗则生产率高，但在选用时还应考虑经济性与表面质量要求。一般用碳化硼、碳化硅加工硬质合金，用金刚石磨料加工金刚石和宝石材料。至于一般的玻璃、石英、半导体材料等则采用刚玉（Al_2O_3）作磨料。最常用的工作液是水，磨料与水的较佳配比（质量比）为 0.8～1。为了提高表面质量，有时也用煤油或机油。

（4）被加工材料。超声加工适于加工脆性材料，材料越脆，承受冲击载荷的能力越差，越容易被冲击碎，即加工速度越快。如以玻璃的可加工性作标准，为 100%，则石英为 50%，硬质合金为 2%～3%，淬火钢为 1%，而锗、硅半导体单晶为 200%～250%。

除此之外，工件加工面积、加工深度、工具面积、磨料悬浮液的供给及循环方式对加工速度也都有一定影响。

（二）加工精度及其影响因素

超声加工的精度除受机床、夹具精度影响外，还与磨料粒度、加工深度、被加工材料性质等有关。主要与工具制造及安装精度、工具的磨损有关。超声加工精度较高，可达 0.01～0.02 mm，一般加工孔的尺寸精度可达 ±（0.02～0.05）mm。磨料越细，加工精度越高。

工具安装时，要求工具质量中心在整个超声振动系统的轴心线上，否则，在其纵向振动时会出现横向振动，破坏成形精度。

工具的磨损直接影响圆孔及型腔的形状精度。为了减少工具磨损对加工精度的影响，可将粗、精加工分开，并相应的更换磨料粒度，还应合理选择工具材料。对于圆孔，采用工具或工件旋转的方法，可以减少圆度误差。

（三）表面质量及其影响因素

超声加工具有较好的表面质量，表面层无残余应力，不会产生表面烧伤与表面变质层。表面粗糙度可达 $Ra\ 0.63 \sim 0.08\ \mu m$。

加工表面质量主要与磨料粒度、被加工材料性质、工具振动的振幅、磨料悬浮液的性能及其循环状况有关。当磨粒较细、工件硬度较高、工具振动的振幅较小时，被加工表面的粗糙度将得到改善，但加工速度也随之下降。工作液的性能对表面粗糙度的影响比较复杂，用煤油或机油做工作液可使表面粗糙度有所改善。

11.3 任务实施

11.3.1 凸模线切割加工工艺编制

数控电火花线切割加工应用最广的是冷冲模加工，冲模一般主要由凸模、凹模、凸模固定板、卸料板、侧刃、侧导板等零件组成。在线切割加工时，安排加工顺序的原则是先切割卸料板、凸模固定板等非主要件，然后再切割凸模、凹模等主要件。这样，在切割主要件之前，通过对非主要件的切割，可检验操作人员在编程过程中是否存在错误，同时也能检验机床和控制系统的工作情况，若有问题可及时得到纠正。

图 11-62 所示为一冷冲模凸模工件。其加工工艺路线安排为：下料→锻造→退火→刨上下平面→钳工钻穿丝孔→淬火与回火→磨上下平面→线切割加工成形→钳工修整。对于一定批量或常规生产的小型模件，可以在一块坯件上分别依次加工成形。

对于图 11-1 所示的数字冲裁模凸凹模的加工，凸凹模与相应凹模和凸模的双面间隙为 $\phi 0.01 \sim 0.02\ mm$，材料为 CrWMn。因凸模形状较复杂，为满足其技术要求，采用以下主要措施：

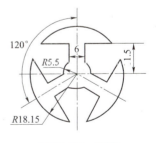

图 11-62 凸模

（1）淬火前工件坯料上预制穿丝孔，如图 11-1 中孔 D。

（2）将所有非光滑过渡的交点用半径为 0.1 mm 的过渡圆弧连接。

（3）先切割两个 $\phi 2.3\ mm$ 小孔，再由辅助穿丝孔位开始，进行凸凹模的成形加工。

（4）选择合理的电参数，以保证切割表面粗糙度和加工精度的要求。

加工时的电参数为：空载电压峰值 80 V；脉冲宽度 8 μs；脉冲间隔 30 μs；平均电流 1.5 A。采用快速走丝方式，走丝速度 9 m/s；线电极为 $\phi 0.12\ mm$ 的钼丝；工作液为乳化液。

加工结果：切割速度 20～30 mm²/min；表面粗糙度 Ra1.6 μm。通过与相应的凸模、凹模试配，可直接使用。

11.3.2 凹模线切割加工工艺编制

如图 11-63 所示的凹模，其加工工艺路线为：下料→锻造→退火→刨六面→磨上下平面和基面→钳工钻穿丝孔→淬火和回火→磨上下平面和基面→线切割加工成型→钳工修配。

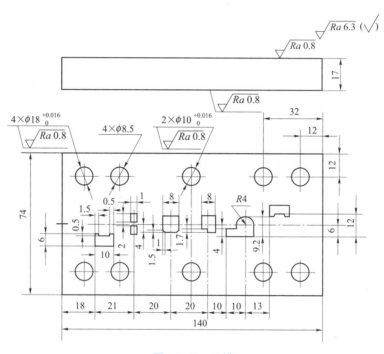

图 11-63 凹模

图 11-2 所示的卡箍落料模凹模，属于大、中型冷冲模。工件材料为 Cr12MoV，凹模工作面厚度 10 mm。该凹模待加工图形行程长，质量大，厚度高，去除金属量大。为保证工件的加工质量，采取如下工艺措施：

(1) 为保证型孔位置和硬度及减少热处理过程中产生的残余应力，除热处理工序应采取必要的措施外，在淬硬前，应增加一次粗加工（铣削或线切割），使凹模型孔各面均留 2～4 mm 的余量。

(2) 加工时采用双支承的装夹方式，即利用凹模本身架在两夹具体定位平面上。

(3) 因去除金属量大，在切割过半，特别是快完成加工时，废料易发生偏斜和位移，而影响加工精度或卡断线电极。为此，在工件和废料块的上平面添加一平面经过磨削的永久磁钢，以利于废料块在切割的全过程中位置固定。

加工时选择的电参数为：空载电压峰值 95 V；脉冲宽度 25 μs；脉冲间隔 78 μs；电流 1.8 A。采用快速走丝方式，走丝速度为 9 m/s；线电极为 ϕ0.3 mm 的黄铜丝；工作液为乳化液。

加工结果：切割速度 40~50 mm²/min；表面粗糙度和加工精度均符合要求。

企业专家点评：

东方电机股份有限公司高级工程师罗大兵：数控电火花线切割加工的主要工艺要求要解决以下几个关键方面的技术：一是线电极准备，二是工件准备，三是工作液的准备；要合理确定工艺参数；正确确定穿丝孔位置和走丝路径等。

复习与思考题

1. 简述电火花线切割加工的工作原理。
2. 简述电火花成形加工与电火花线切割加工的异同点。
3. 简述电火花成形机床常用的功能。
4. 简述电火花线切割机床常用的功能。
5. 简述电火花线切割机脉冲电源的基本要求。
6. 什么叫放电间隙？
7. 放电间隙对线切割加工零件尺寸有哪些影响？
8. 一般情况下放电间隙取多少？
9. 什么是极性效应？简述在电火花加工中如何充分利用极性效应。
10. 在线切割加工中如何处理加工速度、电极损耗、表面粗糙度之间的矛盾关系？
11. 在电火花加工中，怎样实现电极在加工工件上的精确定位？
12. 试比较常用电极（如紫铜、黄铜、石墨）的优缺点及使用场合。
13. 请问在什么情况下需要加工穿丝孔？
14. 电火花穿孔加工中常采用哪些加工方法？
15. 电火花成形加工中常采用哪些加工方法？
16. 试分析影响线切割加工速度的因素。
17. 影响电火花线切割加工零件的粗糙度的主要因素有哪些？
18. 试分析电火花加工影响加工精度的因素。
19. 数控线切割加工有哪些特点？其主要应用在哪些方面？
20. 数控线切割加工的工艺准备有哪些？
21. 数控线切割加工中对工件装夹有哪些要求？
22. 为什么慢走丝比快走丝加工精度高？
23. 电火花加工对工件装夹有何要求？